新编特种作业人员安全技术培训考核统编教材

受限空间安全作业与管理

主　　编　马卫国

编写人员　付　艳　姚广明　徐院锋

中国劳动社会保障出版社

图书在版编目（CIP）数据

受限空间安全作业与管理/马卫国主编. —北京：中国劳动社会保障出版社，2014

新编特种作业人员安全技术培训考核统编教材

ISBN 978-7-5167-1483-6

Ⅰ.①受… Ⅱ.①马… Ⅲ.①安全生产-生产管理-技术培训-教材 Ⅳ.①X92

中国版本图书馆 CIP 数据核字（2015）第 007165 号

中国劳动社会保障出版社出版发行

（北京市惠新东街 1 号 邮政编码：100029）

*

北京金明盛印刷有限公司印刷装订 新华书店经销

880 毫米×1230 毫米 32 开本 9.375 印张 264 千字

2015 年 1 月第 1 版 2015 年 1 月第 1 次印刷

定价：28.00 元

读者服务部电话：(010) 64929211/64921644/84643933

发行部电话：(010) 64961894

出版社网址：http://www.class.com.cn

内 容 简 介

　　受限空间作业涉及行业领域广泛，作业危险性较大。作业人员应具备相应的专业技术水平和较强的实际操作经验，并经培训考核合格方准上岗作业。本书重点讲述了受限空间基本知识、受限空间危险有害因素辨识及风险控制、受限空间作业安全管理、受限空间作业过程安全管控、受限空间作业防护用品及器具的选用和维护、事故应急救援等内容。

　　本书结合生产实际需求编写，可作为各类企业受限空间特种作业人员的培训考核教材，也可作为相关安全管理人员及技术人员的工作参考用书。

目　录

第一章　受限空间基本知识

第一节　受限空间安全基本情况

一、近几年全国受限空间安全形势

受限空间涉及的行业领域非常广泛，如煤矿、非煤矿山、化工、炼油、冶金、建筑、电力、造纸、造船、建材、食品加工、餐饮、市政工程、城市燃气、污水处理、特种设备等。受限空间作业是具有一定专业技术水平和严谨工作程序的危险作业，从事该作业的人员应具备一定的专业水平和较强的实际操作经验，并应在检测仪器、个人防护用品等设备的正确使用和事故应急救援措施等方面进行严格培训。

受限空间作业危险较大，易发生事故。据不完全统计，近年来受限空间作业安全事故主要发生在石油化工、建筑施工、污水处理、食品及酿酒业、冶金钢铁、船舶6个行业，其中比例最高的是石油化工行业，占61.5%；其他依次为建筑施工占15.6%，污水处理占8.2%，食品及酿酒业占4.1%，冶金钢铁占4.1%，船舶占2.5%；其他行业总计只占4.1%。在受限空间作业事故中，因中毒、窒息事故导致的死亡人数每年平均300多人，平均每起事故造成4人死亡。按照事故等级划分标准，造成3人以上死亡的安全生产事故已属于较大事故，受限空间作业的危险性由此可见一斑。

国家疾病预防控制中心的统计资料显示，近10年来全国共报告各类急性职业中毒14 089例，死亡1 605例，以一氧化碳和硫化氢为主的窒息性气体中毒尤为突出，其中一氧化碳中毒3 952例、死亡585例，硫化氢中毒1 266例、死亡466例，两者占总中毒例数的37.04%，占总死亡例数的65.48%，而其中50%以上的重大职业中毒事件都发生在受限空间作业场所内。

二、受限空间有关安全的基本概念

1. 受限空间涉及的术语

（1）立即威胁生命和健康浓度（Immediately Dangerous to Life or Health Concentration）。有害环境中空气污染物浓度达到某种危险水平，如可致命，或可永久损害健康，或可使人立即丧失逃生能力。

部分化学品的 IDLH 浓度见表 1—1。

表 1—1　　　　　　　　部分化学品的 IDLH 浓度

化学物质	IDLH 值[①]/(10^{-6})	1ppm 换算mg/m³ 系数[②](20℃)	IDLH 值[③]/(mg/m³)(20℃)	化学物质	IDLH 值[①]/(10^{-6})	1ppm 换算mg/m³ 系数[②](20℃)	IDLH 值[③]/(mg/m³)(20℃)
乙酸	1 000	2.50	2 500	二硫化碳	1 000	3.16	1 600
丙酮	20 000	2.42	48 000	一氧化碳	20 000	1.16	1 700
氨	500	0.71	360	四氯化碳	500	6.39	1 900
苯	3 000	3.25	9 800	氯	3 000	2.95	88
甲苯	2 000	3.83	7 700	液化石油气	19 000	1.80	34 000
二甲苯	1 000	4.41	4 400	一氧化氮	1 000	1.25	120
氯化氢	100	1.52	150	二氧化氮	100	1.91	96
氰化氢	50	1.12	56	甲醛	50	1.23	37
硫化氢	300	1.42	430	正己烷	300	3.58	18 000
二氧化碳	50 000	1.83	92 000	溴化氢	50 000	3.36	170
二氧化硫	100	2.66	270	异丙醇	100	2.50	30 000

注：① NIOSH DHHS 出版物 No. 90—117 提供气态、液态有害物 IDLH 浓度的单位为 ppm。

② NIOSH DHHS 出版物 No. 90—117 提供气态、液态有害物 ppm 浓度单位换算为 20℃、1 个大气压下 mg/g³ 的换算系数。

③ 换算后以 mg/g³ 为单位的 IDLH 浓度。

（2）职业接触限值（Occupational Exposure Limits，OELs）。职业性有害因素的接触限制量值指劳动者在职业活动过程中长期反复接触，但对绝大多数接触者的健康不引起有害作用的容许接触水平。化学有害因素的职业接触限值包括时间加权平均容许浓度、短时间接触容许浓度和最高容许浓度三类。

①时间加权平均容许浓度（Permissible Concentration-Time Weighted Average，PC-TWA）。以时间为权数规定的 8 h 工作日、40 h 工作周的平均容许接触浓度。

②短时间接触容许浓度（Permissible Concentration-Short Term Exposure Limit，PC-STEL）。在遵守 PC-TWA 前提下容许短时间（15 min）接触的浓度。

③最高容许浓度（Maximum Allowable Concentration，MAC）。在工作地点，在一个工作日内的任何时间有毒化学物质均不应超过的浓度。

工作场所空气中化学物质容许浓度见表 1—2。

表 1—2　　　　　工作场所空气中化学物质容许浓度

中文名	英文名	化学文摘号 (CAS No.)	OELs/(mg/m³)			备注
			MAC	PC-TWA	PC-STEL	
氨	Ammonia	7664-41-7	—	20	30	—
臭氧	Ozone	10028-15-6	0.3	—	—	—
二氧化氮	Nitrogen dioxide	10102-44-0	—	5	10	—
二氧化硫	Sulfur dioxide	7446-09-5	—	5	10	—
二氧化碳	Carbon dioxide	124-38-9	—	9 000	18 000	
甲苯	Toluene	108-88-3	—	50	100	皮
甲醇	Methanol	67-56-1	—	25	50	皮
甲酚（全部异构体）	Cresol (all isomers)	1319-77-3；95-48-7；108-39-4；106-44-5	—	10		皮
甲醛	Formaldehyde	50-00-0	0.5	—	—	敏，G1
硫化氢	Hydrogen sulfide	7783-06-4	10	—	—	
一氧化碳	Carbon monoxide	630-08-0	—	20	30	
二甲苯（全部异构体）	Xylene (all isomers)	1330-20-7；95-47-6；108-38-3	—	50	100	

（3）爆炸极限（Explosion Limit）。可燃物质（可燃气体、蒸气、粉尘或纤维）与空气（氧气或氧化剂）均匀混合形成爆炸性混合物，

其浓度达到一定的范围时，遇到明火或一定的引爆能量立即发生爆炸，这个浓度范围称为爆炸极限（或爆炸浓度极限）。形成爆炸性混合物的最低浓度称为爆炸浓度下限，最高浓度称为爆炸浓度上限，爆炸浓度的上限、下限之间称为爆炸浓度范围。

（4）进入（Entry）。人体通过一个入口进入受限空间，包括在该空间中工作或身体的任何一部分通过入口。

（5）隔离（Isolation）。通过封闭、截断等措施，完全阻止有害物质和能源（水、电、气）进入受限空间。

（6）有害环境（Hazardous Atmosphere）。在职业活动中可能造成死亡、失去知觉、丧失逃生及自救能力、伤害或引起急性中毒的环境，包括以下一种或几种情形：

①可燃气体、蒸气和气溶胶的浓度超过爆炸下限的10%。

②空气中爆炸性粉尘浓度达到或超过爆炸下限的30%。

③空气中氧含量低于19.5%或超过23.5%。

④空气中有害物质的浓度超过工作场所有害因素的职业接触限值（GBZ2）。

⑤其他任何含有有害物的浓度超过立即威胁生命和健康浓度（IDIH）的环境条件。

（7）缺氧环境（Oxygen Deficient Atmosphere）。空气中氧的体积百分比低于19.5%。

（8）富氧环境（Oxygen Enriched Atmosphere）。空气中氧的体积百分比高于23.5%。

（9）紧急情况（Emergency）。由于任何内外原因，对核准进入受限空间的劳动者的健康或生命有可能产生危险的情形，包括控制或监测设备发生故障。

（10）监护者（Attendant）。进入受限空间内作业时，在受限空间外面负责安全监护的人员。其职责是：应接受受限空间作业安全生产培训；全过程掌握作业者作业期间的情况，保证在受限空间外持续监护，能够与作业者进行有效的操作作业、报警、撤离等信息沟通；在紧急情况时向作业者发出撤离警告，必要时立即呼叫应急救援服务，并在受限空间外实施紧急救援工作；防止未经授权的人员进入。

（11）作业负责人（Entry Supervisor）。由用人单位确定的负责组织实施受限空间作业的管理人员。其职责是：应了解整个作业过程中存在的危险、危害因素；确认作业环境、作业程序、防护设施、作业人员符合要求后，授权批准作业；及时掌握作业过程中可能发生的条件变化，当受限空间作业条件不符合安全要求时，终止作业。

2. 缩略语

（1）IDLH：立即威胁生命和健康浓度。

（2）PPE：个人防护用品。

（3）LEL：爆炸下限。

（4）UEL：爆炸上限。

（5）SCBA：携气式呼吸防护用品。

（6）MSDS：化学物质安全数据清单。

（7）PC-TWA：时间加权平均容许浓度。

（8）PC-STEL：短时间接触容许浓度。

（9）MAC：最高容许浓度。

第二节 受限空间的基本概念

一、受限空间的定义、特点和分类

1. 受限空间的定义

受限空间是指工厂的各种设备内部（炉、塔釜、罐、仓、池、槽车、管道、烟道等）和城市（包括工厂）的隧道、下水道、沟、坑、井、池、涵洞、阀门间、污水处理设施等封闭、半封闭的设施及场所（船舱、地下隐蔽工程、密闭容器、长期不用的设施或通风不畅的场所等），以及农村储存红薯、土豆、各种蔬菜的井、窖等。另外，通风不良的矿井也应视为受限空间。

总之，一切通风不良、容易造成有毒有害气体积聚和缺氧的设备、设施和场所都叫受限空间（作业受到限制的空间），在受限空间内的作业都称为受限空间作业。

2. 受限空间的特点

有些受限空间可能产生或存在硫化氢、一氧化碳或其他有毒有害、易燃易爆气体，并存在缺氧危险，在其中进行作业如果防范措施不到位，就有可能发生中毒、窒息、火灾、爆炸等事故。另外，大部分受限空间作业面狭窄、作业环境复杂，还容易发生触电、机械损伤等事故。具体可归纳为以下三个方面：

（1）作业环境情况复杂。

①受限空间狭小，通风不畅，不利于气体扩散。

②设备内的危险化学品未处理干净或与设备相连的管道未进行有效隔离（必须拆卸一段管道或打盲板），都会造成有毒有害或易燃易爆气体超标，引发中毒或火灾、爆炸事故。

③生产、储存、使用危险化学品或因生化反应（污水处理设施）等产生的有毒有害气体，其容易积聚，一段时间后，便会形成较高浓度的有毒有害气体。

④有些有毒有害气体是无味的，易使作业人员放松警惕，引发中毒、窒息事故。

⑤有些有毒气体在浓度高时对神经有麻痹作用（如硫化氢），反而不能被嗅到。

⑥受限空间内的照明、通信不畅，给正常作业和应急救援带来困难。

⑦设备内搅拌设备的电源若没有有效切断并挂牌，以致搅拌意外启动，造成作业人员伤亡。

（2）危险性大，一旦发生事故往往造成严重后果。

①作业人员中毒、窒息发生在瞬间，有的有毒气体令人中毒后数分钟，甚至数秒钟就会致人死亡。

②易燃易爆气体达到爆炸极限，燃爆造成群死群伤的后果。

③搅拌意外启动，造成设备内的作业人员死亡。

（3）容易因盲目施救造成伤亡扩大。

一家知名跨国化工公司曾做过统计，受限空间作业事故中的死亡人员有 50％是救援人员，因为施救不当造成的伤亡扩大。其原因主要是部分受限空间内的作业人员由于安全意识差、安全知识不足，没有严格执行受限空间安全作业制度，安全措施和监护措施不到位、不落实；实施受限空间作业前未做危害辨识，未制定有针对性的应急处置预案，缺少必要的安全设施和应急救援器材、装备；或是虽然制定了应急预案但未进行培训和演练，作业和监护人员缺乏基本的应急常识和自救、互救能力，导致在事故状态下不能实施科学、有效的救援，致使伤亡进一步扩大。

3. 受限空间的分类

受限空间主要分为密闭设备、地上受限空间和地下受限空间三类。

（1）密闭设备。如船舱、储罐、车载槽罐、反应塔（釜）、冷藏箱、压力容器、管道、烟道、锅炉等，如图1—1、图1—2、图1—3所示。

图1—1 化学品储罐

图1—2 车载槽罐

图1—3 反应釜

（2）地下受限空间。如地下管道、地下室、地下仓库、地下工程、暗沟、隧道、涵洞、地坑、废井、地窖、污水池（井）、沼气池、化粪池、下水道等，如图1—4所示。

（3）地上受限空间。如储藏室、酒糟池、发酵池、垃圾站、温室、冷库、粮仓、料仓等，如图1—5所示。

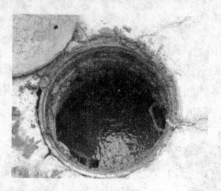

图1—4　化粪池

图1—5　筒仓

二、受限空间作业的定义、特点

1. 受限空间作业的定义

受限空间作业是指作业人员进入受限空间实施的作业活动。在污水井、排水管道、集水井、电缆井、地窖、沼气池、化粪池、酒糟池、发酵池等可能存在中毒、窒息、爆炸风险的受限空间内从事施工或者维修、排障、保养、清理等的作业统称为受限空间作业，如图 1—6 所示。

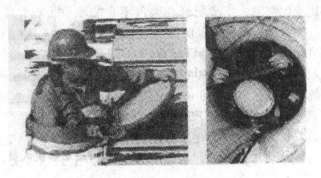

图 1—6　作业人员进入受限空间作业

2. 受限空间作业存在的风险分类

按照国家标准 GB/T 13861—2009《生产过程危险和有害因素分类与代码》，将受限空间作业过程中存在的危险、有害因素分为四大类：人的因素、物的因素、环境因素、管理因素。

（1）人的因素

①作业人员的因素。作业人员不了解在进入期间可能面临的危害；不了解未隔离危害；未查证已隔离的程序；不了解危害暴露的形式、征兆和后果；不了解防护装备的使用和限制，如测试、监督、通风、通信、照明、坠落、障碍物，以及进入方法和救援装备；不清楚监护人用来提醒撤离时的沟通方法；不清楚当发现有暴露危险的征兆或现象时，提醒监护人的方法；不清楚何时撤离受限空间，以致事故发生。

②监护人员的因素。监护人不了解作业人员进入期间可能面临的危害；不了解作业人员受到危害影响时的行为表现；不清楚召唤救援和急救部门帮助进入者撤离的方法，以致不能起到监督空间内外活动和保护进入者安全的作用。

（2）物的因素

①有毒气体。受限空间内可能会存在很多的有毒气体，既可能是在受限空间内已经存在的，也可能是在工作过程中产生的。聚积于受

限空间的常见有害气体有硫化氢、一氧化碳等，这些都对作业人员构成中毒威胁。

硫化氢（H_2S）是无色气体，有特殊的臭味（臭鸡蛋味），易溶于水；比重比空气大，易积聚在通风不良的城市污水管道、窨井、化粪池、污水池、纸浆池以及其他各类发酵池和蔬菜腌制池等低洼处（含氮化合物如蛋白质腐败分解产生）。硫化氢属窒息性气体，是一种强烈的神经毒物。当其浓度在 0.4 mg/m^3 时，人们能明显嗅到硫化氢的臭味；在 $70\sim150 \text{ mg/m}^3$ 时，吸入数分钟即发生嗅觉疲劳而闻不到臭味，浓度越高产生嗅觉疲劳越快，越容易使人丧失警惕；超过 760 mg/m^3 时，在短时间内即可发生肺水肿、支气管炎、肺炎，可能造成生命危险；超过 $1\,000 \text{ mg/m}^3$，可致人发生电击样死亡。

一氧化碳（CO）是无色无臭气体，微溶于水，溶于乙醇、苯等多数有机溶剂；属于易燃易爆的有毒气体，与空气混合能形成爆炸性混合物，遇明火、高热能引起燃烧爆炸。一氧化碳在血中易与血红蛋白结合（相对于氧气）而造成组织缺氧。轻度中毒者出现头痛、头晕、耳鸣、心悸、恶心、呕吐、无力，血液碳氧血红蛋白浓度可高于 10%；中度中毒者除上述症状外，还有皮肤黏膜呈樱红色、脉搏快、烦躁、步态不稳、浅至中度昏迷，血液碳氧血红蛋白浓度可高于 30%；重度患者可出现深度昏迷、瞳孔缩小、肌张力增强、频繁抽搐、大小便失禁、休克、肺水肿、严重心肌损害等。

②氧气不足。受限空间内的氧气不足是经常遇到的情况。氧气不足的原因有很多，如被密度大的气体（如二氧化碳）挤占、燃烧、氧化（如生锈）、微生物行为、吸收和吸附（如潮湿的活性炭）、工作行为（如使用溶剂、涂料、清洁剂或者是加热工作）等都可能影响氧气含量。当作业人员进入后，可由于缺氧而窒息。

③可燃气体。在受限空间中常见的可燃气体包括甲烷、天然气、氢气、挥发性有机化合物等。这些可燃气体和蒸气来自于地下管道间的泄漏（电缆管道和城市煤气管道间）、容器内部的残存、细菌分解、工作产物（在其内进行涂漆、喷漆、使用易燃易爆溶剂）等，如遇引

火源，就可能导致火灾甚至爆炸。在受限空间中的引火源包括产生热量的工作活动，焊接、切割等作业，打火工具，光源，电动工具、仪器，甚至静电。

（3）环境因素

过冷、过热、潮湿的受限空间有可能对作业人员造成危害；在受限空间工作的时间过长，会由于受冻、受热、受潮致使体力不支。

在具有湿滑表面的受限空间作业，有导致作业人员摔伤、磕碰等的危险。在进行人工挖孔桩作业的现场，有坍塌、坠落造成击伤、埋压的危险。在清洗大型水池、储水箱、输水管（渠）的作业现场，有导致作业人员淹溺的危险。在作业现场若电气防护装置失效或错误操作、电气线路短路、超负荷运行、雷击等都有可能发生电流对人体的伤害，从而造成伤亡事故的危险。

（4）管理因素

安全管理制度的缺失、有关施工（管理）部门没有编制专项施工（作业）方案、没有应急救援预案或未制定相应的安全措施、缺乏岗前培训及进入受限空间作业人员的防护装备与设施得不到维护和维修，是造成该类事故发生的重要原因。另外，因未制定受限空间作业的操作规程，操作人员无章可循而盲目作业，操作人员在未明了作业情况下贸然进入受限空间作业场所、误操作生产设备，作业人员未配置必要的安全防护与救护装备等，都有可能导致事故的发生。

3. 典型受限空间作业的危害因素

典型受限空间作业的危害因素见表1—3。

表1—3　　　　　典型受限空间作业危害因素举例

种类	受限空间名称	主要危险有害因素
密闭设备	船舱、储罐、车载槽罐、反应塔（釜）、压力容器	缺氧，一氧化碳（CO）中毒，挥发性有机溶剂中毒，爆炸
	冷藏箱、管道	缺氧
	烟道、锅炉	缺氧，一氧化碳（CO）中毒

种类	受限空间名称	主要危险有害因素
地下受限空间	地下室、地下仓库、隧道、地窖	缺氧
	地下工程、地下管道、暗沟、涵洞、地坑、废井、污水池（井）、沼气池、化粪池、下水道	缺氧，硫化氢（H_2S）中毒，可燃性气体爆炸
	矿井	缺氧，一氧化碳（CO）中毒，易燃易爆物质（可燃性气体、爆炸性粉尘）爆炸
地上受限空间	储藏室、温室、冷库	缺氧
	酒糟池、发酵池	缺氧，硫化氢（H_2S）中毒，可燃性气体爆炸
	垃圾站	缺氧，硫化氢（H_2S）中毒，可燃性气体爆炸
	粮仓	缺氧，磷化氢（PH_3）中毒，粉尘爆炸
	料仓	缺氧，粉尘爆炸

4. 受限空间作业危害的特点

（1）受限空间作业属高风险作业，如操作不当或防护不当可导致人员伤亡。

（2）受限空间存在的危害，大多数情况下是完全可以预防的。如加强培训教育，完善各项管理制度，严格执行操作规程，配备必要的个人防护用品和应急抢险设备等。

（3）发生的地点多样化，如船舱、储罐、管道、地下室、地窖、污水池（井）、沼气池、化粪池、下水道、发酵池等。

（4）许多危害具有隐蔽性并难以探测，如受限空间即使检测合格，在作业过程中，受限空间内的有毒有害气体浓度仍有增加和超标的可能。

（5）可能多种危害共同存在，如受限空间存在硫化氢危害的同时，还存在缺氧危害。

（6）某些环境下具有突发性，如开始进入受限空间检测时没有危害，但是在作业过程中突然涌出大量的有毒气体，造成急性中毒。

习题一

一、判断题（对或错）

1. 可燃物质（可燃气体、蒸气、粉尘或纤维）与空气（氧气或氧化剂）均匀混合形成爆炸性混合物，其浓度达到一定的范围时，遇到明火或一定的引爆能量立即发生爆炸，这个浓度范围称为爆炸极限。（　　）

2. 进入是指人体在受限空间内工作。（　　）

3. 空气中有害物质的浓度超过工作场所有害因素的职业接触限值属于有害环境。（　　）

4. 当劳动者进入准入的受限空间内作业时，在受限空间外面负责安全监护的人员应按照用人单位受限空间管理程序执行监护职责。（　　）

5. 由用人单位确定的负责组织实施受限空间作业的管理人员，其职责是决定受限空间是否具备准入条件，批准进入，全程监督进入作业并在必要时终止进入，这些管理人员可以是用人单位负责人、岗位负责人或班组长等人员。（　　）

6. 受限空间是指封闭或部分封闭，进出口较为狭窄有限，未被设计为固定的工作场所，自然通风不良，易造成有毒有害、易燃易爆物质积聚或氧含量不足的空间。（　　）

7. 化粪池属于地上受限空间。（　　）

8. 有害空间作业的主要危害因素有中毒、缺氧、燃爆。（　　）

9. 清理、疏通下水道、粪便池、窨井、污水池、地窖等作业容易发生硫化氢中毒。（　　）

10. 在污水池、排水管道、集水井、电缆井、地窖、沼气池、化粪池、酒糟池、发酵池等可能存在中毒、窒息、爆炸的受限空间内从事施工或者维修、排障、保养、清理等的作业统称为受限空间作业。（　　）

二、单选题

1. 下列不属于受限空间的是（　　）。

    A. 化粪池　　　B. 污水井　　　C. 反应釜　　　D. 控制室

2. 下列不属于受限空间事故高发的原因是（　　）。

  A. 安全投入不足   B. 安全培训未落实

  C. 应急救援能力差   D. 作业时间过长

 3. 立即威胁生命和健康浓度是指作业人员在这种浓度水平下逗留
（ ）分钟即可产生死亡或对健康的严重损害。

  A. 40   B. 30   C. 20   D. 10

 4.（ ）是爆炸下限的缩略语。

  A. LEL   B. UEL   C. PC—TWA   D. PC—STEL

 5. 可燃性气体、蒸气和气溶胶的浓度超过爆炸下限（LEL）的
（ ）属于有害环境。

  A. 5％   B. 10％   C. 15％   D. 20％

 6. 空气中爆炸性粉尘浓度达到或超过爆炸下限的（ ）属于有
害环境。

  A. 10％   B. 20％   C. 30％   D. 40％

 7. 空气中氧的体积百分比低于（ ）就是缺氧环境。

  A. 12％   B. 15％   C. 19.5％   D. 20％

 8. 空气中氧的体积百分比高于（ ）属于富氧环境。

  A. 23.5％   B. 25％   C. 30％   D. 40％

 9. 携气式呼吸防护用品的缩略语是（ ）。

  A. SCBA   B. MSDS   C. MAC   D. PC—TWA

 10.（ ）负责批准受限空间作业人员进入受限空间。

  A. 监护者   B. 准入者

  C. 作业负责人   D. 以上都不是

 11. 受限空间分为（ ）、地上受限空间和地下受限空间。

  A. 密闭设备   B. 封闭空间   C. 管道   D. 压力容器

 12. 化粪池、污水井容易发生（ ）中毒事故。

  A. 硫化氢   B. 一氧化碳   C. 苯   D. 甲苯

 13. 受限空间作业危害在某些环境下具有突发性。如开始进入受
限空间检测时没有危害，但是在作业过程中突然涌出大量的有毒气体，
造成（ ）。

  A. 慢性中毒   B. 急性中毒   C. 缺氧   D. 爆炸

 14. 下列不属于受限空间作业危害特点的是（ ）。

A. 属高风险作业可导致死亡

B. 绝大多数情况下不可以预防

C. 发生的地点多样化

D. 多种危害共存

15. 受限空间作业的许多危害具有（　　）并难以探测。

    A. 隐蔽性　　　B. 随机性　　　C. 临时性　　　D. 多变性

16. 下列不属于受限空间事故预防对策的是（　　）。

    A. 加强教育培训　　　　　　B. 完善各项管理制度

    C. 严格执行操作规程　　　　D. 减少作业时间

17. （　　）属于地上受限空间。

    A. 隧道　　　B. 储罐　　　C. 温室　　　D. 压力容器

第二章 受限空间内危险有害因素的辨识及风险控制

第一节 受限空间内常见危险有害因素的种类、主要来源及影响

受限空间长期处于封闭或半封闭状态，且出入口有限，自然通风不良，易造成有毒有害、易燃易爆物质的积聚或氧含量不足。此外，作业环境受自然天气的影响较大，高温、高湿等不良天气在不同程度上加剧了空间环境的恶化。受限空间存在的危险有害因素主要有缺氧窒息、中毒、燃爆以及其他危险有害因素，了解并正确辨识这些危险有害因素，对有效采取预防、控制措施，减少人员伤亡事故具有十分重要的作用。

一、缺氧窒息

1. 窒息气体的种类

空气中的氧气含量一般在 21% 左右。在受限空间内，由于通风不良、生物的呼吸作用或物质的氧化作用，使受限空间形成缺氧状态，一旦作业场所空气中的氧浓度低于 19.5% 时就会有缺氧的危险，可导致窒息事故发生。另外，有一类单纯性窒息气体，其本身无毒，但由于它们的存在对氧气有排斥作用，且这类气体绝大多数比空气重，易在空间底部聚集，并排挤氧气空间，从而造成进入空间作业的人员缺氧窒息。常见的单纯性窒息气体包括二氧化碳、氮气、甲烷、氩气、水蒸气和六氟化硫等。

2. 主要来源

受限空间引发缺氧窒息的主要原因如下：

（1）受限空间内长期通风不良，氧含量偏低。

（2）受限空间内存在的物质发生耗氧性化学反应，如燃烧、生物的有氧呼吸等。

（3）作业过程中引入单纯性窒息气体挤占氧气空间，如使用氮气、氩气、水蒸气进行清洗。

（4）某些相连或接近的设备或管道的渗漏或扩散，如天然气泄漏等。

（5）较高的氧气消耗速度，如过多作业人员同时在受限空间内作业。

3. 对人体的危害

氧气是人体赖以生存的重要物质基础，缺氧会对人体多个系统及脏器造成影响。氧气含量不同，对人体的危害也不同。不同氧气含量对人体的影响见表 2—1。

表 2—1　　　　　　　　　　不同氧气含量对人体的影响

氧气含量/% （体积百分比浓度）	对人体的影响
19.5	最低允许值
15～19.5	体力下降，难以从事重体力劳动，动作协调性降低，容易引发冠心病、肺病等
12～14	呼吸加重、频率加快，脉搏加快，动作协调性进一步降低，判断能力下降
10～12	呼吸加深加快，几乎丧失判断能力，嘴唇发紫
8～10	精神失常，昏迷，失去知觉，呕吐，脸色死灰
6～8	4～5 min 通过治疗可恢复，6 min 后 50%致命，8 min 后 100%致命
4～6	40 s 后昏迷，痉挛，呼吸减缓，死亡

4. 导致缺氧的典型物质

（1）二氧化碳

①理化性质。二氧化碳别名碳（酸）酐，为无色气体，高浓度时略带酸味；比空气重；溶于水、烃类等多数有机溶剂；水溶剂呈酸性，

能被碱性溶液吸收而生成碳酸盐。二氧化碳加压成液态储存在钢瓶内，放出时其可凝结成为雪花固体，统称干冰。若遇高热、容器内压增大等因素，有开裂和爆炸的危险。

②受限空间内的主要来源。在受限空间内作业时，二氧化碳主要存在于：长期不开放的各种矿井、油井、船舱底部及下水道；利用植物发酵制糖、酿酒，用玉米制酒精、丙酮以及制造酵母等生产过程，若发酵桶、发酵池的车间是密闭或隔离的，便会有较高浓度的二氧化碳产生；在不通风的地窖和密闭仓库中储存蔬菜、水果和谷物等，可产生高浓度的二氧化碳；在受限空间内的作业人数、作业时间超限，可造成二氧化碳积蓄；化学工业中在反应釜内以二氧化碳作为原料制造碳酸钠、碳酸氢钠、尿素、碳酸氢铵等多种化工产品，轻工生产中制造汽水、啤酒等饮料充以二氧化碳等过程，均可生成大量的二氧化碳。

③对人体的影响。GBZ 2.1—2007《工作场所有害因素职业接触限值　第1部分　化学有害因素》中规定，二氧化碳在工作场所空气中的时间加权平均容许浓度不能超过 9 000 mg/m³，短时接触容许浓度不能超过 18 000 mg/m³。GB/T 18664—2002《呼吸防护用品的选择、使用与维护》中规定，二氧化碳的立即威胁生命和健康浓度是 92 000 mg/m³。作业人员在 10 min 以内接触的最高限值为 54 000 mg/m³，中枢神经系统无明显毒性。

二氧化碳是人体进行新陈代谢的最终产物，由呼气排出，本身没有毒性。在受限空间吸入高浓度二氧化碳时，因人体内组织缺氧，轻者有头痛、头昏、无力等不适症状；较重者出现昏迷、四肢抽搐、大小便失禁，以及头痛、恶心、呕吐等症状；重者可窒息死亡。

(2) 氮气

①理化性质。氮气为无色无臭气体，微溶于水、乙醇，不燃烧。用于合成氨及制硝酸、物质保护剂、冷冻剂等。

②受限空间内的主要来源。由于氮的化学惰性，常用作保护气体以防止某些物体暴露于空气时被氧所氧化，或用作工业上的清洗剂，洗涤储罐以及反应釜中的危险、有毒物质。

③ 对人体的影响。当作业人员吸入氮气浓度不太高时，最初会感觉胸闷、气短、疲软无力；继而有烦躁不安、极度兴奋、乱跑、叫喊、

神情恍惚、步态不稳等症状，称为"氮酩酊"，可进入昏睡或昏迷状态。当空气中的氮气含量过高，便会致作业人员吸入氧气的浓度下降，从而引起缺氧窒息。当作业人员吸入高浓度的氮气时，可迅速昏迷，进而因呼吸和心跳停止而死亡。

（3）甲烷

①理化性质。甲烷为无色、无味的气体，比空气轻，溶于乙醇、乙醚，微溶于水。甲烷主要存在于天然气中，也存在于石油加工所得的气体中。甲烷易燃，爆炸极限为 5.0%～15%，与空气混合能形成爆炸性混合物，遇热源和明火有燃烧爆炸的危险，从而造成人员伤亡。

②受限空间内的主要来源。受限空间内的有机物分解会产生甲烷，天然气管道泄漏等。

③对人体的影响。甲烷对人体基本无毒，麻痹作用极弱，但在极高浓度时会排挤空气中的氧，使空气中的氧含量降低，从而引起单纯性窒息。当空气中的甲烷达到 25%～30% 的体积比时，作业人员会出现窒息感觉，如头晕、呼吸加速、心率加快、注意力不集中、乏力和行为失调等，若不及时脱离接触，可致窒息死亡。

甲烷的燃烧产物为一氧化碳、二氧化碳，会引起缺氧或中毒。

（4）氩气

①理化性质。氩气是一种无色、无味的惰性气体，比空气重。

②受限空间内的主要来源。氩是目前工业上应用很广的稀有气体。它的性质十分不活泼，既不能燃烧，也不助燃。在飞机制造、船舶制造、原子能工业和机械工业领域，焊接特殊金属如铝、镁、铜合金以及不锈钢时，往往用氩作为焊接保护气体，防止焊接件被空气氧化或氮化。

③ 对人体的影响。在常压下氩气无毒。当空气中的氩气浓度增高时，可使氧气含量降低，致使作业人员出现呼吸加快、注意力不集中等症状，继而出现疲倦无力、烦躁不安、恶心、呕吐、昏迷、抽搐等症状；当氩气处于高浓度时可导致作业人员窒息。另外，液态氩可致皮肤冻伤；眼部接触可引起炎症。

【事故案例】

2009 年 3 月 17 日 18 时，北京某物业公司绿化工人李某雇用王某在居民小区内进行绿化浇水作业。当作业结束后，王某私自打开一废弃枯井，贸然进入井内，准备将浇水用水管存放在井内。王某下井后不久晕倒，李某见状贸然下井施救，也晕倒在井内。小区居民发现后立即报警，后经消防队员抢救，将二人救出，经医院抢救无效，二人死亡。后经北京疾控中心现场检测，井内二氧化碳含量超过国家标准近 4 倍，含氧量仅为 3.2%，二人为缺氧窒息死亡。

二、中毒

1. 有毒物质种类

受限空间中存在大量的有毒物质，作业人员一旦接触后易引起化学性中毒，可导致死亡。常见的有毒物质包括硫化氢、一氧化碳、苯系物、磷化氢、氯气、氮氧化物、二氧化硫、氨气、氰和腈类化合物、易挥发的有机溶剂、极高浓度的刺激性气体等。

2. 主要来源

受限空间中的有毒物质主要来自以下几种情况：

（1）受限空间内存储的有毒化学品残留、泄漏或挥发。

（2）受限空间内的物质发生化学反应，产生有毒物质，如有机物分解产生硫化氢。

（3）某些相连或接近的设备或管道的有毒物质渗漏或扩散。

（4）作业过程中引入或产生有毒物质，如焊接、喷漆或使用某些有机溶剂进行清洁。

3. 对人体的影响

有毒物质对人体的伤害主要体现在刺激性、化学窒息性及致敏性方面，其主要通过呼吸吸入、皮肤接触进入人体，再经血液循环，对人体的呼吸、神经、血液等系统及肝脏、肺、肾脏等脏器造成严重损伤。短时间接触高浓度刺激性有毒物质，会引起眼、上呼吸道刺激、中毒性肺炎或肺水肿，以及心脏、肾脏等脏器病变。接触化学性、窒息性有毒物质会造成细胞缺氧窒息。

4. 典型有毒物质

（1）硫化氢

①理化性质。硫化氢为无色、有臭鸡蛋气味的气体，属于剧毒物。

比空气重，溶于水生成氢硫酸，可溶于乙醇。易燃，爆炸极限的浓度范围为 4.3%～45.5%，自燃点为 260℃。与空气混合能燃爆，遇明火、高热、氧化剂发生爆炸。

②受限空间内的主要来源。排放到受限空间的废气、废液含有硫化氢；污水管道、化粪池、窖井、纸浆发酵池、污泥处理池、密闭垃圾站、反应釜/塔等受限空间中有机物腐败会产生硫化氢；或在厌氧条件下，硫酸盐还原菌将污水中的硫酸盐还原成硫化物，并与水中的氢根离子结合产生硫化氢，因硫化氢的比重较大且易溶于水，故而长期滞留在排水管道的污水和污泥中；制造二硫化碳、硫化胺、硫化钠、硫磷、乐果、含硫农药等产品的反应釜中残留有硫化氢。

③对人体的影响。GBZ 230—2010《职业性接触毒物危害程度分级》中硫化氢被列入Ⅱ级危害（高度危害）。GBZ 2.1—2007《工作场所有害因素职业接触限值　第1部分　化学有害因素》中规定硫化氢的最高容许浓度不应超过 10 mg/m³。GB/T 18664—2002《呼吸防护用品的选择、使用与维护》中规定硫化氢立即威胁生命和健康浓度为430 mg/m³。

人体对硫化氢的嗅觉感知有很大的个体差异，不同浓度的硫化氢对人体的危害也不同，见表2—2。

表 2—2　　　　　　　　　　　硫化氢对人体的影响

气体名称	气体浓度/（mg/m³）	对人体的影响
硫化氢	0.000 7～0.2	人体对其嗅觉感知的浓度在此范围内波动，远低于引起危害的浓度，因而低浓度的硫化氢能被敏感地发觉
	30～40	其臭味减弱
	75～300	因嗅觉疲劳或嗅神经麻痹而不能觉察硫化氢的存在，接触数小时出现眼和呼吸道刺激
	375～750	接触 0.5～1 h 可发生肺水肿，甚至意识丧失、呼吸衰竭
	高于 1 000	数秒钟即发生猝死

硫化氢主要经呼吸道进入人体，遇黏膜表面上的水分很快溶解，产生刺激作用和腐蚀作用，引起眼结膜、角膜和呼吸道黏膜的炎症、肺水肿。硫化氢引发人体急性中毒的症状表现为：

轻度中毒。中毒表现为害怕光、流泪、眼刺痛、异物感、流涕、鼻及咽喉灼热感等症状。此外，还有轻度头昏、头痛、乏力的感觉。

中度中毒。中毒者表现为立即出现头昏、头痛、乏力、恶心、呕吐、行动和意识短暂迟钝等，同时引起呼吸道黏膜刺激症状和眼刺激症状。

重度中毒。中毒者表现为明显的中枢神经系统的症状，首先出现头昏、心悸、呼吸困难、行动迟钝，继而出现烦躁、意识模糊、呕吐、腹泻、腹痛和抽搐，迅速进入昏迷状态，最后可因呼吸麻痹而死亡。在接触极高浓度的硫化氢时，可发生"电击样"死亡，接触者在数秒钟内突然倒下，呼吸停止。

（2）一氧化碳

①理化性质。一氧化碳为无色、无臭、无味、无刺激性的气体。与空气比重相当，自燃点为 608.89℃。几乎不溶于水，可溶于氨水。爆炸极限的浓度范围为 12.5%～74.2%。在空气中燃烧呈蓝色火焰。遇热、明火易燃烧及爆炸。

②受限空间内的主要来源。在受限空间中进行焊接作业时，含碳物质不完全燃烧会产生一氧化碳；反应釜中生产合成氨、丙酮、光气、甲醇等化学品时产生的副产物中存在一氧化碳；使用一氧化碳作为燃料等；使用柴油发电机、检查燃气管道、清洗反应釜/塔等会接触到一氧化碳。

③对人体的影响。GBZ 230—2010《职业性接触毒物危害程度分级》中，一氧化碳被列入 Ⅱ 级危害（高度危害）。GBZ 2.1—2007《工作场所有害因素职业接触限值　第 1 部分　化学有害因素》中规定，一氧化碳在工作场所空气中的时间加权平均容许浓度不能超过 20 mg/m³，短时接触容许浓度不能超过 30 mg/m³。GB/T 18664—2002《呼吸防护用品的选择、使用与维护》中规定一氧化碳的立即威胁生命和健康浓度为 1 700 mg/m³。

一氧化碳主要损害神经系统，其引发人体急性中毒的症状表现为：

轻度中毒。中毒者会出现剧烈头痛、头晕、耳鸣、心悸、恶心、呕吐、无力，轻度至中度意识障碍但无昏迷，血液碳氧血红蛋白浓度可高于10%。

中度中毒。患者除上述症状外，意识障碍表现为浅至中度昏迷，但经抢救后恢复且无明显并发症，血液碳氧血红蛋白浓度可高于30%。

重度中毒。患者可出现深度昏迷或醒状昏迷、休克、脑水肿、肺水肿、严重心肌损害、呼吸衰竭等，血液碳氧血红蛋白浓度可高于50%。

（3）苯

①理化性质。苯是具有特殊芳香气味的无色油状液体。不溶于水，溶于醇、醚、丙酮等多数有机溶剂。易燃，闪点为-11℃，爆炸极限的浓度范围为1.45%～8.0%。其蒸气与空气混合能形成爆炸性混合气体，遇明火、高热极易燃烧爆炸，与氧化剂能发生强烈反应，易产生和聚集静电。其蒸气比空气密度大，在较低处能扩散至很远处，遇明火会引起回燃。

②受限空间内的主要来源。在反应釜中制作油、脂、橡胶、树脂、油漆、黏结剂和氯丁橡胶等作业时用苯作为溶剂和稀释剂；苯用于制造各种化工产品，如苯乙烯、苯酚、顺丁烯二酸酐，以及多种清洁剂、炸药、化肥、农药和燃料等；在地下室、船舱内进行涂刷作业，以及对反应釜/塔进行清洗、维修作业时会接触到苯。

③对人体的影响。GBZ 230—2010《职业性接触毒物危害程度分级》中，苯被列入Ⅰ级危害（极度危害）。GBZ 2.1—2007《工作场所有害因素职业接触限值　第1部分　化学有害因素》中规定，苯在工作场所空气中的时间加权平均容许浓度不能超过6 mg/m³，短时接触容许浓度不能超过10 mg/m³。GB/T 18664—2002《呼吸防护用品的选择、使用与维护》中规定苯的立即威胁生命和健康浓度为9 800 mg/m³。

苯可引起各种类型的白血病，国际癌症研究中心已确认苯为人类的致癌物。苯引发人体中毒的症状表现为：

急性中毒。轻者出现兴奋、欣快感，步态不稳，以及头晕、头痛、恶心、呕吐、轻度意识模糊等。重者神志模糊加重，由浅昏迷进入深昏迷，甚至出现呼吸、心跳停止。

慢性中毒。多数表现为头痛、头昏、失眠、记忆力衰退，皮肤易出现划痕。慢性苯中毒主要损害造血系统，患者易感染、易发热、易出血。白细胞计数减少是慢性苯中毒早期最常见的现象。不过，在受限空间内作业未见慢性苯中毒现象。

（4）甲苯、二甲苯

①理化性质。甲苯、二甲苯都是无色透明、有芬芳气味、略带甜味、易挥发的液体，都不溶于水，溶于乙醇、丙酮和乙醚。甲苯闪点为4℃，爆炸极限为1.2%～7.0%；二甲苯闪点为25℃，爆炸极限为1.1%～7.0%，都属易燃液体。

②受限空间内的主要来源。在反应釜中作为生产甲苯衍生物、炸药、染料中间体、药物等的主要原料；在受限空间进行涂刷作业或进行反应釜/塔清洗时，作为油漆、黏结剂的稀释剂。

③对人体的影响。GBZ230—2010《职业性接触毒物危害程度分级》中，甲苯、二甲苯被列入Ⅲ级危害（中度危害）。GBZ2.1—2007《工作场所有害因素职业接触限值　第1部分　化学有害因素》中规定，甲苯、二甲苯在工作场所空气中的时间加权平均容许浓度不能超过 50 mg/m^3，短时接触容许浓度不能超过 100 mg/m^3。GB/T 18664—2002《呼吸防护用品的选择、使用与维护》中规定甲苯、二甲苯的立即威胁生命和健康浓度分别为 7 700 mg/m^3 和 4 400 mg/m^3。

甲苯、二甲苯主要经呼吸道吸收，有麻醉作用和轻度刺激作用，表现为头晕、头痛、恶心、呕吐、胸闷、四肢无力、步态不稳和意识模糊，严重者出现烦躁、抽搐、昏迷。

【事故案例】

2009年7月3日下午14：30左右，某物业公司在对新华联家园北区6号楼西侧污水井内的污水提升泵，进行维修作业，3人下井维修作业时，发生中毒晕倒，公司先后又有7人下井实施救援，导致最终10人均中毒事故。在此次事故中，共造成物业公司6名窒息死亡，1名公安消防队员牺牲，另外4名人员经抢救已脱离生命危险。

事故发生后，经北京市疾病预防与控制中心对事故现场污水井内空气的快速检测结果表明，井下硫化氢气体浓度过高，是导致作业人员及救援人员中毒死亡的主要原因。

三、燃爆

1. 易燃易爆物质的种类

易燃易爆物质是可能引起燃烧、爆炸的气体、蒸气或粉尘。受限空间内可能存在大量易燃易爆气体，如甲烷、天然气、氢气、挥发性有机化合物等，当其浓度高于爆炸下限时，遇到火源或以其他形式所提供的能量时就会发生燃烧或爆炸。另外，受限空间内存在的炭粒、粮食粉末、纤维、塑料屑以及研磨得很细的可燃性粉尘也可能引起燃烧和爆炸。

能够引发易燃易爆气体或可燃性粉尘爆炸的条件是：明火，化学反应放热，物质分解自燃，热辐射，高温表面，撞击或摩擦产生火花，绝热压缩形成高温点，电气火花，静电放电火花，雷电作用以及直接日光照射或聚焦的日光照射。常见的易燃易爆物质的爆炸极限见表2—3。

表 2—3　　　　　　常见的易燃易爆物质的爆炸极限

序号	名称	爆炸下限	爆炸上限
1	甲烷	5.0%	15.0%
2	氢气	4.0%	75.6%
3	苯	1.45%	8.0%
4	甲苯	1.2%	7.0%
5	二甲苯	1.1%	7.0%
6	硫化氢	4.3%	45.5%
7	一氧化碳	12.5%	74.2%
8	氰化氢	5.6%	12.8%
9	汽油	1.3%	6.0%

序号	名称	爆炸下限	爆炸上限
10	铝粉末	58.0 g/m³	—
11	木屑	65.0 g/m³	—
12	煤末	114.0 g/m³	—
13	面粉	30.2 g/m³	—
14	硫黄	2.3 g/m³	—

2. 主要来源

受限空间内易燃易爆物质主要来源于以下几个方面：

（1）受限空间中易燃易爆气体或液体的泄漏和挥发。

（2）有机物分解，如生活垃圾、动植物腐败物分解等产生甲烷。

（3）作业过程中引入的，如使用乙炔气焊接等。

（4）空气中的氧气含量超过 23.5% 时，形成了富氧环境。高浓度的氧气会造成易燃易爆物质的爆炸下限降低、上限提高，增加了爆炸的可能性，以及增大了可燃性物质的燃烧程度，导致非常严重的火灾危害。

3. 对人体的危害

燃爆会对作业人员产生非常严重的影响。燃烧产生的高温会引起皮肤和呼吸道烧伤；燃烧产生的有毒物质可致中毒，引起脏器或生理系统的损伤；爆炸产生的冲击波可引起冲击伤，产生物体破片或砂石可导致破片伤和砂石伤等。

【事故案例】

2013 年 11 月 22 日凌晨 3 时许，位于青岛市黄岛区的中石化黄潍输油管线一输油管道发生破裂事故，造成原油泄漏。23 日上午 10 时 30 分左右，在修复管线过程中，开发区海河路和斋堂岛街交会处发生爆燃。事故造成 62 人死亡、136 人受伤，直接经济损失 75 172 万元。事故原因是输油管道泄漏原油进入市政排水暗渠，在形成受限空间的暗渠内油气积聚达到爆炸极限遇火花发生爆炸。

四、其他危害因素

除以上因素外，还可能存在淹溺、高处坠落、触电、机械伤害等危险。

1. 淹溺

淹溺导致作业人员窒息、缺氧。另外，无论粪池或污水池的淹溺，由于作业人员的肺内污染及胃内呕吐物反流等原因，可导致支气管及肺部继发感染，甚至造成多发性脓肿。

2. 高处坠落

高处坠落可导致作业人员脑部或内脏损伤而致命，或使四肢、躯干、腰椎等部位受冲击而造成重伤致残。

3. 触电

当通过人体的电流数值超过一定值时，就会使人产生针刺、灼热、麻痹的感觉；当电流进一步增大至一定值时，人就会产生抽筋，不能自主脱离带电体；当通过人体的电流超过 50 mA 时，就会使人的心脏停止跳动，从而死亡。

4. 机械伤害

机械伤害可引发人体多部位受伤，如头部、眼部、颈部、胸部、腰部、脊柱、四肢等，造成外伤性骨折、出血、休克、昏迷，严重的会直接导致死亡。

第二节　受限空间内主要危险有害因素的辨识与评估

在进入受限空间之前，应对受限空间内可能存在的危险有害因素进行辨识和评估，以判定其安全状态。

一、辨识程序

受限空间内危险有害因素的辨识程序如图 2—1 所示。

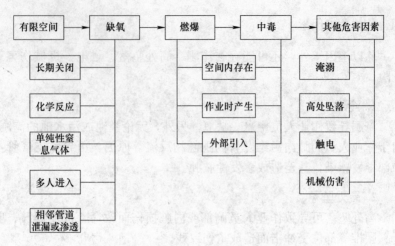

图 2—1　受限空间内危险有害因素的辨识程序

二、辨识

1. 固有风险

（1）必须了解受限空间是否长期关闭，通风不良。

（2）必须了解受限空间内存在的物质是否发生需氧性化学反应，如燃烧、生物的有氧呼吸等。

（3）必须了解空间内部存储的物料是否存在有毒有害气体的挥发，或是否由于生物作用或化学反应而释放出有毒有害气体积聚于空间内部。如长期储存的有机物在腐败过程中会释放出硫化氢等有毒气体，这些气体长期积聚于通风不良的受限空间内部，可导致进入该空间的作业人员中毒。

（4）必须了解受限空间内部存储的物质是否易燃易爆，存储的物质是否会挥发易燃易爆的气体从而积聚于受限空间内部。

（5）必须了解受限空间内部曾经存储或使用过的物料所释放的有毒有害气体是否残留于受限空间内部。

（6）必须了解受限空间内部的管道系统、储罐或桶发生泄漏时，有毒有害气体是否可能进入受限空间。

（7）必须了解受限空间内是否有较深的积水。如下水道、化粪池等。

（8）必须了解受限空间内是否进行高于基准面 2 m 的作业。

（9）必须了解受限空间内的电动器械、电路是否老化破损，发生漏电等。

（10）必须了解受限空间内的机械设备是否可能意外启动，导致其传动或转动部件直接与人体接触，从而造成作业人员伤害等。

2. 外来风险

（1）应了解受限空间邻近的厂房、工艺管道是否由于泄漏而使易燃易爆气体进入受限空间。

（2）应了解受限空间邻近作业产生的火花是否飞溅到存在易燃易爆物质的受限空间。

（3）应了解受限空间邻近的厂房、工艺管道是否由于泄漏而使有毒有害气体进入受限空间内等。

3. 作业产生的风险

（1）必须了解在受限空间作业过程中使用的物料是否是有毒有害气体，是否会挥发出有毒有害气体，以及挥发出的气体是否会与空间内本身存在的气体发生反应从而生成有毒有害气体。

（2）必须了解在受限空间内是否进行焊接、使用燃烧引擎等导致一氧化碳产生的作业。

（3）必须了解在作业过程中是否引入单纯性窒息气体挤占氧气空间，如使用氮气、氩气、水蒸气进行清洗。

（4）必须了解受限空间内氧气的消耗速度是否过快，如过多人员同时在受限空间内作业。

（5）必须了解与受限空间相连或接近的管道是否会因为渗漏或扩散，导致其他气体进入受限空间从而挤占氧气空间。

（6）必须了解在受限空间作业过程中使用的物料是否会产生可燃性物质或挥发出易燃易爆气体。

（7）必须了解存在易燃易爆物质的受限空间内是否存在动火作业。

（8）必须了解在存在易燃易爆物质的受限空间内作业时是否使用

带电设备、工具等，这些设备的防爆性能如何。

(9) 必须了解在存在易燃易爆物质的受限空间内活动是否产生静电等。

三、评估

通过调查、检测手段确定受限空间存在的危险有害因素后，应选定合适的评估标准，判定其危害程度。

1. 评估标准

(1) 正常时的氧含量为 19.5%～23.5%。低于 19.5% 为缺氧环境，存在窒息的可能；高于 23.5% 为富氧环境，可能会引发氧中毒。

(2) 受限空间空气中的可燃性气体或粉尘浓度应低于爆炸下限的 10%，否则便存在爆炸危险。

进行油轮船舶拆修，以及油箱、油罐的检修，或受限空间的动火作业时，空气中可燃气体的浓度应低于爆炸下限的 1%。

(3) 粉尘或有毒气体的浓度须低于 GBZ 2.1—2007《工作场所有害因素职业接触限值 第 1 部分 化学有害因素》所规定的限值要求，否则便存在中毒的可能。

(4) 其他危险有害因素应执行相关标准。

2. 判定危害程度的方法

(1) 如果受限空间内的有害因素未知，应作为 IDLH 环境。

(2) 如果缺氧，或无法确定是否缺氧，应作为 IDLH 环境。

(3) 如果空气污染物的浓度未知、达到或超过 IDLH，应作为 IDLH 环境。

(4) 若空气污染物的浓度未超过 IDLH，应根据国家有关职业卫生标准规定的浓度并按下式确定危险有害因数：

$$危险有害因数 = \frac{空气污染物浓度}{国家职业卫生标准规定的浓度}$$

若同时存在一种以上的空气污染物，应分别计算每种空气污染物的危险有害因数，取数值最大的作为危险有害因数。通过危险有害因数的大小正确选择呼吸防护用品。

第三节　风险控制原则及措施

企业应根据风险评价的结果及经营运行情况等，确定不可接受的风险，制定并落实控制措施，将风险尤其是重大风险控制在可以接受的程度。同时，企业应围绕风险评价的结果及所采取的控制措施对从业人员进行宣传、培训，使其熟悉工作岗位和作业环境中存在的危险、有害因素，掌握并落实应采取的控制措施。

风险控制的原则是：控制措施的可行性和可靠性；控制措施的先进性和安全性；控制措施的经济合理性及企业的经营运行情况；可靠的技术保证和服务。

应考虑可行性、安全性、可靠性。

应包括技术措施——实现本质安全；管理措施——规范安全管理；安全防护——提高从业人员的自我防护措施，减少职业伤害。

一、安全管理措施

建立、健全受限空间作业的管理制度，进入受限空间作业时，必须办理《进入受限空间作业许可证》，必须遵守动火、临时用电、高处作业等有关安全规定。《进入受限空间作业许可证》不能代替上述各项作业，所涉及的其他作业要按有关规定执行。

1. 加强安全教育培训

应对从事受限空间作业的人员进行安全教育培训，主要内容包括：受限空间的相关法律法规和操作规程；受限空间作业的安全操作技能；安全设备、设施、工具、劳动防护用品的使用、维护和保管知识；对紧急情况下的个人避险常识、中毒窒息和其他伤害的应急救援措施；受限空间事故案例。

经技术理论考核和实际操作技能考核成绩合格后，方可上岗。进入受限空间作业前，还应针对施工方案，对作业内容、职责分工、职业危害、安全防护等内容进行有针对性的安全交底。

2. 配备专人负责受限空间安全工作

企业安全管理部门应配备专门人员负责受限空间作业的安全工作，主要包括以下内容。

（1）作业前认真进行危害辨识

①是否存在可燃气体、液体或可燃固体的粉尘发生火灾或爆炸而引起正在作业的人员受到伤害的危险。

②是否存在因有毒有害气体或缺氧而引起正在作业的人员中毒或窒息的危险。

③是否存在因任何液体水平位置的升高而引起正在作业的人员遇到淹溺的危险。

④是否存在因固体坍塌而引起正在作业的人员掩埋或窒息的危险。

⑤是否存在因极端的温度、噪声、湿滑的作业面、坠落、尖锐锋利的物体等危害而引起正在作业的人员受到伤害的危险。

⑥是否存在吞没、腐蚀性化学品、带电等因素而引起正在作业的人员受到伤害的危险。

（2）作业前严格进行取样分析

对作业空间的气体成分，特别是置换通风后的气体进行取样分析，各种可能存在的易燃易爆、有毒有害气体、烟气以及蒸气、氧气的含量要符合相关的标准和要求。

（3）安排专人进行作业安全监护

进入受限空间作业要安排专人现场监护，并为其配备便携式有毒有害气体和氧含量检测报警仪器，以及通信、救援设备，不得在无监护人的情况下作业。作业监护人应熟悉作业区域的环境和工艺情况，有判断和处理异常情况的能力，掌握急救知识。

（4）佩戴检测仪器，必要时采取个体防护措施

进入一氧化碳、光气、硫化氢等无臭或有毒，甚至有剧毒气体的作业场所都应该佩戴便携式有毒有害气体检测仪。必要时，应按规定佩戴适用的个体防护用品，如隔离式防护面具等。

二、安全技术措施

1. 气体检测分析

作业人员进入受限空间前 30 min 应进行全体取样检测分析，且取样要有代表性、全面性，当受限空间容积较大时要对上、中、下各部位取样分析，分析合格后才允许进入设备内作业。其中，有毒有害气体含量应符合 GBZ 1—2002《工业企业设计卫生标准》规定的容许浓度；含氧量应为 19.5%～23%；有毒气体或粉尘浓度应低于国家规定的卫生标准或低于容许进入的时间及浓度；受限空间空气中可燃气体的浓度应低于爆炸极限下限的 10%；如在设备内作业时间长，至少每隔 2 h 分析一次，如发现超标，应立即停止作业，作业人员迅速撤出；使用具有挥发性溶剂、涂料或在那些环境因素易发生改变的排水管网等受限空间内作业时，应做连续性分析检测并加强通风措施。

2. 加强通风

当作业人员必须进入缺氧的受限空间作业时，尽量利用所有人孔、手孔、料孔、风门、烟门进行自然通风；进入自然通风换气效果不良的受限空间时应采取强制通风。采取机械通风作业时，作业人员所需的适宜新风量应为 30～50 m³/h，满足稀释有毒有害物质的需要。

3. 作业前实施隔断、清洗、置换通风

结合受限空间实际情况主要可采取以下措施：如加盲板；拆除部分管路；采用双截止阀和放空系统；停电和挂牌；对实施作业的受限空间进行清洗、置换通风，使作业空间内的空气与外界流通，从而保证作业人员的安全。

4. 在具有可燃气体的受限空间内使用防爆照明设备

在潮湿地面等场所使用的移动式照明灯具，其安装高度距地面 2.4 m 及以下时，额定电压不应超过 36 V。锅炉、金属容器、管道、密闭舱室等狭窄的工作场所，手持行灯额定电压不应超过 12 V。手提行灯应有绝缘手柄和金属护罩，灯泡的金属部分不准外露。手持电动

工具应进行定期检查，并有记录，绝缘电阻应符合有关规定。

5. 其他要求

（1）动力机械设备、工具要放在受限空间的外面，并保持安全的距离以确保气体或烟雾排放时远离潜在的火源。同时，应防止设备的废气或碳氢化合物烟雾影响受限空间的作业。

（2）坑、井、洼、沟或人孔、通道等受限空间出入门口应设置防护栏、盖和警告标志，夜间应设警示红灯。为防止无关人员进入受限空间作业场所，提醒作业人员引起重视，在受限空间外敞面醒目处，应设置警戒区、警戒线、警戒标志。当作业人员在与输送管道连接的封闭、半封闭设备内部作业时，应严密关闭阀门，装好盲板，设置"禁止启动"等警告信息。

（3）在易燃易爆作业环境中应使用防爆型低压灯具和电动工具，电气线路必须绝缘良好，无断线接头，电源接点无松动，以防止产生电气火花造成事故；作业人员不得穿戴化纤类等易产生静电的工作服。

（4）存在易燃性因素的场所，应按 GB 50140—2005《建筑灭火器配置设计规范》设置灭火器材，并保持有效状态；专职安全员和消防员应在警戒区定时巡回检查、监护，并有检查记录。严禁火种或可燃物落入受限空间。

三、安全防护与应急救援

在存在缺氧或有毒风险的受限空间作业时，应佩戴隔离式防护面具，必要时作业人员应拴带救生绳。

在存在火灾、爆炸风险的受限空间作业时，应穿防静电工作服、工作鞋，使用防爆型低压灯具及不发生火花的工具。

在有酸碱等腐蚀性介质的受限空间作业时，应穿戴好防酸碱工作服、工作鞋、手套等防护用品。

在产生噪声的受限空间作业时，应佩戴耳塞或耳罩等防噪声护具。

在实施受限空间作业前，相关人员应在危险辨识、风险评价的基础上，针对本次作业拟订严密的、有针对性的应急救援计划，明确紧急情况下作业人员的逃生、自救、互救方法，并配备必要的应急救援器材，以防止因施救不当而造成事故扩大。

现场作业人员、管理人员等都要熟知救援预案内容和救护设施的使用方法。要加强应急预案的演练，提高作业人员自救、互救及应急处置的能力。

习题二

一、判断题

1. 空气中氧含量超过 22% 时不是有毒有害危险场所。（　　）

2. 受限空间不可能存在坠落、触电等危害。（　　）

3. 接触高浓度的硫化氢可立即引起电击样死亡。（　　）

4. 可燃性气体、蒸气、粉尘会导致爆炸和燃烧。（　　）

5. 化学物质可能会从化学品储罐、天然气管道、法兰、阀门等处泄漏，并进入受限空间中，形成缺氧、可燃性气体、有毒气体等多种危险环境。（　　）

6. 受限空间可能发生结构性损坏，导致安全事故，如塌方。（　　）

7. 受限空间中的有机物分解，氧气被细菌消耗，但不会导致缺氧。（　　）

8. 受限空间中有机物分解所产生的甲烷、一氧化碳、硫化氢等可燃气体，易导致爆炸和燃烧。（　　）

9. 清洁受限空间时不会产生缺氧。（　　）

10. 由于有机物腐败时可产生硫化氢，因而从事阴沟疏通挖掘、污物处理、清除粪窖、鱼舱等有机物腐败场所工作时会接触大量的硫化氢。（　　）

二、单选题

1. 硫化氢的颜色为（　　）。

    A. 白色　　　　B. 黄色　　　　C. 无色　　　　D. 黑色

2. 硫化氢的最高容许浓度为（　　）。

    A. 8 mg/m³　　　　　　　　　　B. 10 mg/m³

    C. 15 mg/m³　　　　　　　　　　D. 20 mg/m³

3. 《职业性接触毒物危害程度分级》中硫化氢被列入（　　）。

    A. Ⅰ级危害　　B. Ⅱ级危害　　C. Ⅲ级危害　　D. Ⅳ级危害

4. 硫化氢主要经（　　）途径进入人体。

    A. 消化道　　　B. 皮肤　　　　C. 呼吸道　　　D. 口腔

5. 硫化氢在常温下为（　　）。

    A. 气体　　　　B. 液体　　　　C. 固体　　　　D. 混合物

6. 硫化氢混合气体的爆炸下限为（　　）。

    A. 4.3%　　　B. 8.0%　　　C. 46%　　　　D. 50%

7. 国际癌症研究中心已确认（　　）为人类致癌物。

    A. 硫化氢　　　B. 甲烷　　　　C. 苯　　　　　D. 石油

8. 二氧化碳、氮气、乙烷、氢气、氦气等本身无毒或毒性甚微，但吸入这类气体过多时，也都会对人体产生损害，主要原因是（　　）。

    A. 急性中毒　　B. 缺氧　　　　C. 过氧化　　　D. 燃爆

9. 在受限空间中作业，由于人数多、时间长，可造成（　　）气体蓄积。

    A. 一氧化碳　　B. 二氧化碳　　C. 氮气　　　　D. 甲烷

10. 甲烷的爆炸极限为（　　）。

    A. 2%　　　　　　　　　　　B. 5.3%～15%

    C. 10.5%～20%　　　　　　　D. 18%

第三章　受限空间作业安全管理

第一节　受限空间作业安全管理体系的要求

任何体系的建立都是一个平台,安全管理体系也是。安全管理体系的建立可以让企业的安全管理工作进入一个可控、持续改进的良性发展状态。认真地建立并执行这个体系,使其有效地运行,可以对企业的安全状况进行最大限度的有效管理,并做到持续改进。

受限空间由于其特殊性及危害性,使建立完善的安全管理体系,以保证各项安全管理工作处于可控状态显得尤为重要。企业安全管理体系的建立,应包含方针政策、组织机构、安全生产责任制、安全管理制度、持续改进的计划和落实。其中,安全管理制度应包括教育培训、风险管理、隐患排查、例会制度、现场管理、设备管理、承包商管理、危险作业审批、劳动防护用品管理、职业危害因素控制等方面。

只有建立完善的安全管理体系,才能保证受限空间作业从审批程序、作业流程、操作人员培训、现场人员的安全职责、安技装备、劳动防护用品、应急救援等方面更加系统、全方位地实现无缝管理,减少各个环节出现差错的概率,杜绝和减少发生事故。

以下从责任落实、制度建设、服务商管理几个方面重点介绍。

一、建立、健全安全生产责任制

《中华人民共和国安全生产法》明确规定,"生产经营单位应当建立、健全安全生产责任制",这是搞好安全生产的关键。安全生产责任制是指建立和实施生产经营单位的全员、全过程、全方位的安全生产责任制度,即要明确生产经营单位负责人、管理人员、从业人员的岗位安全生产责任，将安全生产责任层层分解落实到生产、经营的各个场所、各个环节、各个有关人员，做到横向到边、纵向到底，真正实现"安全工作，人人有责"。安全生产责任制是企业保障安全生产的最基本、最重要的管理制度，尤其是从事受限空间作业前，必须明确相关作业人员各自的责任。

二、建立、健全安全生产规章制度及操作规程

《中华人民共和国安全生产法》明确规定生产经营单位还应建立安全生产规章制度和安全操作规程。安全生产规章制度是安全生产的行为规范，是搞好安全生产的有效手段。受限空间作业场所的生产经营单位或管理单位、施工作业单位，必须建立起一整套安全生产规章制度（安全生产规章制度包括安全生产教育和培训制度，安全生产检查制度，具有较大危险因素的生产经营场所、设备和设施的安全管理制度，危险作业管理制度，劳动防护用品配备和管理制度，安全生产奖励和惩罚制度，生产安全事故报告和处理制度，其他保障安全生产的规章制度以及岗位安全操作规程等），并教育从业人员自觉遵守、认真落实上述规章制度。

另外，要特别针对受限空间作业建立受限空间安全作业与管理制度，明确受限空间作业的审批流程、职责分工、现场管理、安技装备选型、劳保配备标准等。

三、加强承发包管理

近年来，由于将受限空间作业发包给不具备资质的承包方，发包方没有明确告知危险性、对承包方监管不到位等原因导致的受限空间作业内安全生产事故频频发生。为加强承发包管理、杜绝在承发包过程中发生受限空间作业的安全生产事故，应从以下几个方面做好工作。

1. 审查安全生产资质

《中华人民共和国安全生产法》规定："生产经营单位不得将生产经营项目、场所、设备发包或者出租给不具备安全生产条件或者相应资质的单位或者个人。"《中华人民共和国职业病防治法》明确规定："任何单位和个人不得将产生职业病危害的作业转移给不具备职业病防

护条件的单位和个人。不具备职业病防护条件的单位和个人不得接受产生职业病危害的作业。"因此,不具备安全生产条件或具备条件但欲发包整个或部分受限空间作业项目的生产经营或管理单位在发包受限空间作业时,一定要查验施工或承包单位相关的安全生产资质或条件,并与施工或承包单位签订专门的安全生产管理协议,或者在承包合同中约定各自的安全生产管理职责。

2. 告知受限空间作业的危险性及相关要求

发包方将受限空间作业进行发包时,要将受限空间存在的危险有害因素明确告知承包方,并要求承包方制定合理可行的技术方案,配备必要的安技装备和劳动防护用品,对作业人员进行相应的安全教育培训。

3. 承担相关的安全责任

对于承发包受限空间作业项目,生产经营或管理单位应承担安全监督职责,承包或施工单位应承担具体的安全管理职责。具体来讲,施工作业单位应全面负责对作业现场内危险有害因素防范措施的落实工作,负责制定作业方案,作业方案包括相应的安全防范措施及应急预案;负责办理作业审批手续,并对作业人员进行安全作业告知;负责为作业人员和监护人员配备符合规定的器材。

第二节 作业单位及相关人员安全职责

一、受限空间作业单位的安全职责

(1) 保证受限空间作业必要的安全投入。

(2) 建立、健全受限空间作业的相关制度、审批程序和安全作业规程,并组织职工学习贯彻。

(3) 积极通过工程技术措施改善受限空间作业环境。

(4) 建立、健全本单位安全生产责任制,明确各级人员的安全生产职责。

(5) 为受限空间作业人员提供必要的安全培训。

(6) 采取有效措施，防止未经允许的人员进入受限空间。

(7) 实施受限空间作业前，须评估受限空间可能存在的职业危害，以确定受限空间是否许可作业。

(8) 提供合格的安全防护设施与个体防护用品。

(9) 建立应急救援预案，提供应急救援保障，一旦发生事故能立即组织有效救援。

(10) 不得将受限空间作业发包给不具备相应资质的单位和个人。

二、受限空间作业相关人员的安全职责

受限空间作业单位每次组织开展受限空间作业时，安排作业人数应不少于4人，其中，1人作为现场负责人，1人进入受限空间作业，1人负责危险有害气体检测工作，至少1人专门负责监护工作。

1. 现场负责人的安全职责

(1) 接受受限空间作业安全技术培训，考核合格后上岗。

(2) 确认作业人员、监护人员及气体检测人员的职业安全培训及上岗资格。

(3) 应完全掌握作业内容，了解整个作业过程中存在的危险、有害因素。

(4) 确认作业环境、作业程序、防护设施、作业人员符合要求后，授权批准作业。

(5) 及时掌握作业过程中可能发生的条件变化，当作业条件不符合安全要求时，立即终止作业。

(6) 对未经许可试图进入或已进入受限空间的作业人员进行劝阻或责令退出。

(7) 发生紧急情况时，应及时启动相应应急预案。

2. 气体检测人员的安全职责

(1) 接受受限空间作业安全技术培训，考核合格后上岗。

(2) 掌握受限空间危险有害气体的基本知识及气体检测仪的使用方法。

（3）实施作业前对危险有害气体进行检测并全程监测，如实记录危险有害气体数据，对气体检测仪器的完好、灵敏有效、分析数据的准确性负责。

（4）与监护者进行有效的沟通。

3. 监护人员的安全职责

（1）接受受限空间作业安全技术培训，考核合格后上岗。

（2）全过程掌握作业人员在作业期间的情况，保证在受限空间外持续监护，与作业人员进行有效的操作作业、报警、撤离等信息沟通。

（3）出现紧急情况时向作业人员发出撤离警告，必要时呼叫应急救援服务，并在受限空间外实施紧急救援工作。

（4）对未经许可靠近或者试图进入受限空间者予以警告并劝离，如果有未经许可者进入受限空间，应及时通知作业人员和作业负责人。

4. 作业人员的安全职责

（1）接受受限空间作业安全技术培训，考核合格后上岗。

（2）遵守受限空间作业安全操作规程，正确使用受限空间作业安全设备与个人防护用品。

（3）应与监护人员进行有效的操作作业、报警、撤离等信息沟通。

（4）服从现场负责人的安全管理，接受现场安全监督。

（5）发现影响作业的异常情况或听到现场负责人、监护人员发出的撤出信号时立即撤离。

第三节　受限空间作业分级管理

一、分级目的

企业在实际安全管理工作中，往往由于受限空间数量庞大，且危险性相差很大，很多企业便未进行分级管理，以致针对各类型受限空间作业均采取相同的审批层级和防护措施，而这种工作方法使企业浪费了大量的人力、物力和财力。同时由于工作环节过于烦琐复杂，受限空间管理制度在实行过程中往往导致职工的抵触情绪严重，违章作业等现象时有发生，给实际工作造成很大的困难。

因此，对受限空间作业进行分级管理，能够合理区分受限空间的危险性，制定有差别的管理制度，突出管理重点，并大大提高工作效率。

将受限空间进行分级管理后，可根据不同级别的受限空间制定不同的审批制度，确定不同的审批层级，并根据分级制定各级对应的管理规定，以使防护措施能符合受限空间作业的实际情况，从而提高工作效率，避免人、财、物的浪费。

二、分级依据

对受限空间作业进行分级，首先应对受限空间进行全面评估，根据受限空间内部已聚集或可能聚集的危险有害、易燃易爆物质的种类和含量，入内作业的频繁程度以及可能导致事故的严重程度等因素，分为不同级别。

三、受限空间分级示例

根据受限工作作业环境的危害程度，由低到高分为三级。

1. 一级受限空间

自然通风良好，不存在明显危险，作业人员进入或撤离时无障碍或跌落风险，且在作业过程中不会产生衍生风险，符合下列所有条件。

（1）氧含量为 19.5%～23.5%。

（2）可燃性气体、蒸气浓度不大于爆炸下限的 5%。

（3）有毒有害气体、蒸气浓度不大于 GBZ 2.1 规定限值的 30%。

（4）作业过程中各种气体、蒸气浓度值保持稳定。

一般此类受限空间作业，要对作业面内其他气体的浓度实时监测，宜携带隔绝式呼吸防护用品，在作业过程中保持自然通风，须有人员进行监护。

2. 二级受限空间

氧含量为 19.5%～23.5%，且符合下列条件之一。

（1）可燃性气体、蒸气浓度大于爆炸下限的 5%且不大于爆炸下限的 10%。

（2）有毒有害气体、蒸气浓度大于 GBZ 2.1 规定限值的 30% 且不大于 GBZ 2.1 规定的限值。

（3）作业过程中易发生缺氧。

（4）作业过程中有毒有害或可燃性气体、蒸气浓度可能突然升高。

此类作业在作业过程中要进行持续的气体监测，应进行机械通风，应佩戴隔绝式呼吸防护用品，作业者应携带便携式气体检测报警设备连续检测作业面内的气体浓度，监护者应对受限空间内的气体浓度进行连续监测。

3. 三级受限空间

自然通风不良，环境中存在危险有害气体，且符合下列条件之一。

（1）氧含量小于 19.5% 或大于 23.5%。

（2）可燃性气体、蒸气浓度大于爆炸下限的 10%。

（3）有毒有害气体、蒸气浓度大于 GBZ 2.1 规定的限值。

此类作业要执行最为严格的审批制度，须由本单位主管领导审批方可进入施工作业，在作业过程中应进行机械通风和佩戴隔绝式呼吸防护用品，须对气体进行连续监测，现场须备有应急救援装备。

习题三

一、判断题

1. 安全生产责任制是企业保障安全生产最基本、最重要的管理制度。（　　）

2. 安全操作规程是安全生产的行为规范，是搞好安全生产的有效手段。（　　）

3. 安全生产规章制度包括安全生产教育和培训制度、安全生产检查制度、具有较大危险因素的生产经营场所、设备和设施的安全管理制度、危险作业管理制度、劳动防护用品配备和管理制度、安全生产奖励和惩罚制度、生产安全事故报告和处理制度、其他保障安全生产的规章制度以及岗位安全操作规程等。（　　）

4. 即使对受限空间作业高度重视，贯彻"安全第一、预防为主、综合治理"的方针，认真落实安全管理措施和安全技术措施，事故还

是不可以避免的。（　　）

5. 建筑施工单位和城市轨道交通运营单位，危险物品的生产、经营、储存单位，以及从业人员超过 300 人的其他生产经营单位，应当设置安全生产管理机构或者配备兼职安全生产管理人员。（　　）

6. 生产经营单位应当根据本单位生产经营的特点，对生产经营活动中容易发生生产安全事故的领域和环节进行监控，建立应急救援组织或者配备应急救援人员，储备必要的应急救援设备、器材，制定生产安全事故应急救援预案。（　　）

7. 生产经营单位应当定期演练生产安全事故应急救援预案，每年不得少于两次。（　　）

8. 监护人员应该确认作业人员及气体检测人员的职业安全培训及上岗资格。（　　）

9. 未经受限空间作业安全培训的人员，不得从事受限空间作业。（　　）

10. 对于承发包受限空间作业项目，生产经营或管理单位应对其承担安全管理职责，承包或施工单位应承担具体的安全监督职责。（　　）

11. 受限空间作业项目的生产经营或管理单位在发包受限空间作业时，不用查验施工或承包单位相关的安全生产资质，只要与施工或承包单位签订专门的安全生产管理协议，或者在承包合同中约定各自的安全生产管理职责即可。（　　）

12. 受限空间作业安全生产管理制度的建设，主要是依据国家对受限空间作业的法律法规、标准规范，建立、健全安全生产组织机构，制定和完善受限空间作业的安全规章制度、安全操作规程及专项施工作业方案，为实施受限空间作业安全技术措施奠定基础。（　　）

13. 未经审批，任何组织或个人可以独自进入受限空间作业。（　　）

14. 现场作业负责人必须向其他成员进行安全交底，明确作业的具体任务、作业程序、作业分工、作业中可能存在的危险因素及应采取的防护措施等内容，交底清楚后要求交底人与被交底人双方签字确认，安全交底单要求存档备查。（　　）

15. 危害告知就是要将所从事的有毒有害危险受限空间作业场所从整个有毒有害危险场所的环境中分隔出来，然后在有限的范围内采

取安全防护措施，确保作业安全。（　　）

16. 对受限空间作业进行分级，不只是依据氧含量就行。（　　）

二、单选题

1. （　　）有利于安全管理部门或主管领导对危险作业将采取的人力资源、安全防护措施等内容进行有效把关，对不合格事项在作业前能够及时调整，从而保障作业人员的安全。

　　A. 作业准备　　B. 作业审批　　C. 危险告知　　D. 检测分析

2. 受限空间作业场所运营或管理单位、施工单位，应在受限空间进入点附近张贴或悬挂危险告知牌以及（　　），并告知作业者存在的危险有害因素和防控措施，一方面引起作业小组成员的注意和重视，另一方面警告周围无关人员远离危险作业点。

　　A. 禁止标志　　　　　　　　B. 指令标志

　　C. 提示标志　　　　　　　　D. 安全警示标志

3. （　　）就是要将所从事的有毒有害危险受限空间作业场所从整个有毒有害危险场所的环境中分隔出来，然后在有限的范围内采取安全防护措施，确保作业安全。

　　A. 危险告知　　B. 清洗置换　　C. 安全隔离　　D. 通风换气

4. 一级受限空间可燃性气体、蒸气浓度大于爆炸下限的（　　）。

　　A. 10%　　　　B. 5%　　　　C. 15%　　　　D. 18%

第四章 受限空间作业过程安全管控

第一节 受限空间作业的操作程序及要点

受限空间作业是一种带有较大危险性的作业，因此在作业过程中要强化管理，严格控制作业操作程序。下面着重讲述受限空间作业的工作程序。

一、风险评估

风险评估是确保受限空间作业安全的一项重要程序。通过收集受限空间及拟开展作业的相关信息，分析危险产生的可能性及后果的严重性，进而制定具有针对性的风险防范和控制措施。受限空间风险评估的基本步骤如下。

1. 辨识危害

对受限空间进行危险有害因素的辨识，目的是找出所有可能会导致人员伤亡、疾病或财产损失的因素。辨识中应全面考虑作业环境的位置、结构特点，环境中原本存在的和作业过程中使用的物料及设备等带来的影响，分析是否存在缺氧窒息、燃爆、中毒、淹溺、高处坠落、触电、机械伤害、极端温度、噪声等因素。

2. 分析风险

风险分析即采用"风险度 $R=$ 可能性 $L\times$ 后果严重性 S"的评价法，对危险有害因素发生的可能性及引发后果的严重性进行研判，从而获得风险等级结果。以下介绍一种简单的风险评级方法。

（1）发生危险的可能性

可能性	描述
很有可能	重复发生
可能	预计会发生
不大可能	虽可想象到，但可能性很低
极不可能	几乎不可能发生

（2）伤害的严重性

严重性	描述
轻微伤害	简单敷药处理，给予不超过三天的病假
一般伤害	需接受治疗，给予不超过七天的病假
严重伤害	需接受治疗，给予超过七天的病假
极严重伤害	死亡或永久性伤残

（3）风险评估

S＼L	很有可能	可能	不大可能	极不可能
极严重伤害	极大风险	重大风险	中度风险	中度风险
严重伤害	重大风险	重大风险	中度风险	轻微风险
一般伤害	中度风险	中度风险	中度风险	轻微风险
轻微伤害	中度风险	轻微风险	轻微风险	微不足道的风险

3. 制定控制措施

根据风险评估的结果应采取相应的控制措施，有效地消除或降低风险，以保证作业的安全性。

（1）从根源上消除危险的措施。如采取机械作业代替人工作业等。

（2）从根源上降低危险的措施。如设置屏障，将危险有害物质隔离到作业区域外；清除作业环境的危险有害物质；通风等。

（3）减少工人暴露于危险的措施。如采用轮班制，减少受限空间作业时间；使用合适、有效的个人防护用品等。

（4）危险警示的措施。如张贴警示标志等。

将风险评估中提出的控制措施、安全防护装备及用具、注意事项等纳入作业审批表（或工作许可证）中，以备作业人员遵守及管理者进行核查。

二、作业审批

作业审批有利于主管领导或安全管理部门对危险作业的人力资源、安全防护措施等内容进行有效把关，对不合格事项在作业前能够及时调整，从而保障作业人员的安全。从事受限空间作业的相关单位应按制度办理《受限空间作业审批表》（示例表见表4—1）。

该审批表至少一式两份，一份交作业人员保存，作为受限空间作业的凭证以备检查；另一份由授权单位或安全管理部门保存，审批表不得涂改且要求存档时间至少一年。未经审批，任何人不得独自进入受限空间作业。

填写《受限空间作业审批表》时，应注意以下要点。

1. 设备、设施名称

填写详细，应写到具体设施、设备。任何人都无权扩大或更改作业对象。

2. 作业内容

作业内容指作业的具体内容，如对作业对象进行清理、检修、电焊、涂刷防腐涂料等作业种类。任何人无权更改作业内容。

3. 作业人员

作业人员指直接进入受限空间作业的人员姓名，有几人就填写几人。进去几人，出来几人，要相互一致。

4. 监护人员

监护人员自始至终必须在作业现场，对作业前必须落实的安全措施进行检查，然后签字确认；作业中密切注意作业安全状况；作业后清点人员和器材，确认安全后方可离开。同时按事故应急救援预案，携带好相应的救援器材，以备急用。

5. 气体检测人员

气体检测人员必须详细填写检测时间、检测地点、气体名称、检测结果，并对检测气体的代表性和准确性负责，然后签字确认。

6. 作业负责人

作业负责人应为现场作业负责人，对整个作业安全负直接领导责任，自始至终在现场直接指挥、参与作业。现场作业负责人应对安全措施给予确认，有权补充完善。

7. 安全预防措施

根据受限空间风险评估结果及提出的建议，列举保证受限空间作业安全的各项措施，包括安全防护设备设施的配备、风险控制手段、检测分析手段、个人防护手段等。

三、作业准备

1. 危险辨识及风险评估

作业负责人应对作业环境进行危险辨识及风险评估，从而提出具体的有针对性的作业实施方案。

（1）受限空间是否存在可燃气体、液体或可燃固体的粉尘发生火灾或爆炸从而引起正在作业的人员受到伤害的危险。

（2）受限空间是否存在因有毒有害气体或缺氧而引起正在作业的人员中毒或窒息的危险。

（3）受限空间是否存在因任何液体水平位置的升高而引起正在作业的人员遇到淹溺的危险。

（4）受限空间是否存在因固体坍塌而引起正在作业的人员掩埋或窒息的危险。

（5）受限空间是否存在因极端的温度、噪声、湿滑的作业面、坠面、坠落物、尖锐锋利的物体等物理危害而引起正在作业的人员受到伤害的危险。

（6）受限空间是否存在吞没、腐蚀性化学品、带电等因素而引起正在作业的人员受到伤害的危险。

2. 安全交底

现场作业负责人必须向其他成员进行安全交底，明确作业的具体任务、作业程序、作业分工、作业中可能存在的危险因素及应采取的防护措施等内容，交底清楚后要求交底人与被交底人双方签字确认，安全交底单要求存档备查。

3. 安全检查

作业人员应对作业设备、工具及防护器具进行安全检查，发现有安全问题的应立即更换，严禁使用不合格设备、工具及防护器具。

4. 做好个人防护

作业人员必须穿戴好安全帽、手套、防护服、防护鞋等劳动防护用品，做好个人防护。

四、危害告知

受限空间作业场所运营或管理单位、施工单位，应在受限空间进入点附近张贴或悬挂危险告知牌（见图4—1）以及安全警示标志，并告知作业者存在的危险有害因素和防控措施，一方面引起作业小组成员的注意和重视，另一方面警告周围的无关人员远离危险作业点。

受限空间危险作业审批表见表4—1。

表4—1　　　　　　　受限空间危险作业审批表

编号			作业单位		
所属单位			设施名称		
主要危险有害因素					
作业内容				填报人员	
作业人员				监护人员	
进入前检测数据	检测项目	氧含量	易燃易爆物质浓度	危险有害气体（粉尘）浓度	检测人员
	检测结果				检测时间

续表

作业开工时间		年　月　日　时　分	
序号	主要安全措施	确认安全措施符合要求（签名）	
		作业者	作业监护人员
1	作业人员作业安全教育		
2	连续测定的仪器和人员		
3	测定用仪器准确可靠性		
4	呼吸器、梯子、绳缆等抢救器具		
5	通风排气情况		
6	氧气浓度、有害气体检测结果		
7	照明设施		
8	个人防护用品及防毒用具		
9	通风设备		
10	其他补充措施		

作业负责人意见：

签名：　　　　时间：　　年　月　日　时　分

单位负责人意见：

签名：　　　　时间：　　年　月　日　时　分

工作结束确认人和结束时间	作业负责人签名：
	年　月　日　时　分

注：该审批表是进入受限空间作业的依据，不得涂改且要求安全管理部门存档时间至少一年。

五、安全隔离

在一些化工管道、容器、污水池、化粪池、集水井、发酵池等受限空间，都与外界系统有管道连接，其受限范围不容易确定。外界的危险有害物质随时可以通过管道进入作业区域，威胁作业人员的生命安全。所以在施工作业前，需通过隔离的手段对受限空间的范围加以限定。

安全隔离就是通过封闭、切断等措施，完全阻止危险有害物质和能源（水、电、气）进入受限空间，将作业环境从整个危险有害场所

严禁无关人员
进入有限空间
禁止入内

危 险 性

当心缺氧　当心中毒　当心爆炸

作业场所的浓度要求

● 硫化氢
作业场所最高容许浓度：10 mg/m³
● 氧含量
空气中氧含量：不低于 19.5%
● 甲烷
爆炸下限：5%
● 一氧化碳
爆炸下限：12.5%
作业场所最高容许浓度：20 mg/m³

安全操作注意事项

（一）严格执行作业审批制度，经作业负责人批准后方可作业

（二）坚持先检测后作业的原则，在作业开始前，对危险有害因素的浓度进行检测

（三）必须采取充分的通风换气措施，确保整个作业期间处于安全受控状态

（四）作业人员必须配备并使用安全带（绳）、隔离式呼吸保护器具等防护用品

（五）必须安排监护人员。监护人员应密切监视作业状况，不得离岗

（六）发现异常情况，应及时报警，严禁盲目施救

注意通风　必须戴防毒面具　必须系安全带

报警电话：110　　急救电话：120

图 4—1　受限空间作业安全告知牌式样

注：告知牌仅供参考，各单位可结合受限空间作业场所实际情况和行业规范的有关
要求，自行设置警示内容。

的环境中分隔出来，然后在受限的范围内采取安全防护措施，确保作业安全。若没有安全隔离，所采取的安全防护措施将无法确保作业人员的安全。

以下是一些对受限空间进行隔离的做法。

（1）封闭或截断危害性气体或蒸气可能回流进入受限空间的其他

开口和通路。

（2）采取有效措施防止有害气体、尘埃或泥沙、水等其他自由流动的液体和固体涌入受限空间。

（3）切断受限空间内的电源。

（4）将受限空间与一切必要的热源隔离。

（5）设置必要的隔离区域或屏障。

（6）所有的隔离位置加装警示标志。

六、清除置换

在进入受限空间之前，可采用有效措施清除受限空间中的污染物，应尽可能在受限空间外完成这些准备工作。通过清洁可以将受限空间内可能残留的危险有害气体或可能释放出危险有害气体的残留物清理，消除污染源。例如，使用真空泵和软管将污泥或积水排走；倾斜存储罐将污泥排走；从受限空间外使用气压清洗；利用罐底的排放口进行排空等。

针对部分受限空间，可采取清洗等措施，充分清除受限空间内的危险有害物质，如水蒸气清洁、惰性气体清洗和强制通风等，以消除或者控制所有存于受限空间内的危险有害因素。

1. 用水蒸气净化

使用水蒸气净化应注意：

（1）适用于受限空间内水蒸气挥发性物质的清洁。

（2）清洁时，应保证有足够的时间彻底清除受限空间内的有害物质。

（3）清洁期间，为防止受限空间内产生危险气压，应给水蒸气和凝结物提供足够的排放口。

（4）清洁后应进行充分通风，防止受限空间因散热和凝结而导致任何"真空"。在作业人员进入存在高温的受限空间前，应将该空间冷却至室温。

（5）清洗完毕，应将受限空间内所有的剩余液体排出或抽走，及时开启进出口以便通风。

（6）水蒸气清洁过的受限空间长时间搁置后，应再次进行水蒸气清洁。

（7）对腐蚀性物质或不易挥发物质，在使用水蒸气清洁之前，应用水或其他适合的溶剂或中和剂反复冲洗，进行预处理。

2. 用化学惰性气体净化

（1）为防止受限空间内的易燃气体或易挥发液体在开启时形成具有爆炸性的混合物，可用化学惰性气体（如氮气或二氧化碳）清洗。

（2）用化学惰性气体清洗受限空间后，在作业者进入或接近前，应当再用新鲜空气通风，并持续检测受限空间的氧气含量，以保证作业者进入或接近时受限空间内有足够维持生命的氧气。

通过清除、清洗、置换等手段对作业范围内的危险有害物质进行控制，使危险有害物质的浓度降到合格标准。在有些危险有害场所无法进行上述排放、清洗、置换等措施时，必须采取其他安全防护措施加以保护。

七、检测分析

上述安全防护措施完成之后，在进入受限空间前必须进行危险有害气体的检测分析。气体检测分析是确保安全作业十分重要的手段。气体检测人员应对受限空间内的危险有害气体进行检测，根据不同化学物质的理化性质，对作业场所存在的危险有害气体进行分析，判断出危险有害气体的浓度是否达标，并对作业环境的危险程度作出评估，从而为作业人员采取何种防护措施进入受限空间内实施作业提供科学依据。因此，进行气体检测是从事受限空间作业必须掌握的技术。

GBZ/T 205—2007《密闭空间作业职业危害防护规范》中对检测内容及程序方面进行了规范。

1. 检测程序

（1）检测氧气浓度。这主要是因为可燃气体和有毒气体检测仪配备的传感器必须在一定的氧气浓度下才能正常工作。如催化燃烧式传感器要求氧气浓度至少在10％以上的环境才能进行准确测量。此外，无论是缺氧还是富氧环境，对人员的生命安全与健康都是首要危险的。

使用气体检测报警仪进行氧气检测时应注意，相对湿度过高会对许多仪器产生影响。因此，在潮湿环境中测试氧气，应保持探头朝下；若探头上有水滴形成，应迅速将其甩净。

（2）检测可燃气体。可燃气体具有的燃爆危险相对有毒气体或蒸气来说，更为迅速和致命。

进行可燃气体检测时应注意，一般受限空间空气中可燃性气体的浓度达到或超过其爆炸下限的20%时，除非能采取有效的控制措施使其浓度降低，否则作业人员禁止进入受限空间。一般可燃性气体浓度应低于爆炸下限的10%。如对油轮、船舶的拆修，以及油箱、油罐的检修，空气中可燃性气体的浓度应低于爆炸下限的1%。

（3）检测有毒气体。有毒气体的浓度，应低于 GBZ 2.1—2007《工作场所有害因素职业接触限值　第1部分　化学有害因素》所规定的浓度要求。如果高于此要求，应采取机械通风措施和个体防护措施。

当一种气体具有有毒、燃爆双重性质时，应比较该物质引起危害发生时所对应的浓度值，选择较低的值进行检测。下面以硫化氢为例进行说明。

从表4—2可以看出，若使用可燃气体检测报警仪检测硫化氢，当检测结果为5%的 LEL 时，表明没有爆炸的危险，仪器并不会报警，但此时其浓度已达到 3 055 mg/m³，已经超过最高容许浓度以及立即威胁生命和健康的浓度，对作业人员的生命安全构成了极大的威胁。

表 4—2　　　　　　　　　　硫化氢检测示例

LEL/%	ppm	mg/m³	备注
100	43 000	61 100	
10	4 300	6 110	可燃气体检测报警器设定的缺省值
5	2 150	3 055	
0.7	300	430	立即威胁生命和健康浓度（IDLH）
0.02	7	10	最高容许浓度（MAC）

2. 检测点设置

检测位置必须进行正确的选择（见图4—2和图4—3），以确保对整个受限空间进行检测，否则可能因为某些区域或位置漏测而未能发现存在的气体危害，因而导致意外。

（1）受限空间的出入口处，尤其在刚刚打开受限空间的时候，要首先检测此位置。

（2）在受限空间中输入管线的进入处。

（3）作业人员进行工作的位置。

（4）受限空间内不同高度的位置，以及气体/蒸气可能积累的位置。

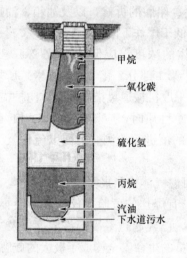

图4—2　下水道检修井不同
　　　　气体的积聚位置

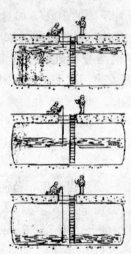

图4—3　受限空间检测位置

3. 检测时机

受限空间气体检测应从作业前开始至作业结束，贯穿作业全过程。

（1）作业前检测

进行受限空间作业时，应按照"先检测后作业"的原则，在作业开始前对气体环境进行检测。其中包括：

①开启受限空间出入口的盖板或门后。

②通风、清洁、吹扫受限空间后。

③作业人员进入新作业场所之前。

（2）作业中检测

在作业过程中检测受限空间内危险有害气体的浓度变化，并随时采取必要的措施。

4. 作业前的气体检测

根据受限空间的特点，在人员进入前必须对环境进行气体检测，以判断环境内是否存在可燃性气体、有毒有害气体或有氧气不足的情况。

（1）检测前的准备工作

为防止可能存在的可燃气体因碰撞产生火花而引起火灾爆炸，或有毒气体逸出伤害检测人员，应小心开启受限空间出入口的盖板或门。

通常情况下，进入前的检测往往不止进行一次。

（2）检测内容

①开启受限空间的出入口后，使用泵吸式气体检测报警仪对环境内不同位置可能存在的危险有害气体的成分进行检测。

②当检测结果超过 GBZ 2.1—2007《工作场所有害因素职业接触限值　第 1 部分　化学有害因素》规定的浓度值时，应对环境进行通风，并在通风后再次进行检测。

③若检测后作业人员不能马上开始作业，则应在作业人员实际进入操作前 20 min 之内再次进行检测。

④作业人员的工作面发生变化时，视为进入新的受限空间，应重新进行检测。

检测人员应尽量在受限空间外进行检测，若必须进入受限空间检测，则检测人员必须做好防护措施后才能进入。

（3）检测结果记录

所有检测结果必须真实地记录下来，应做到能获取以下信息：

①危害气体的种类。

②危害气体的浓度。

③危害气体的存在位置。

④对空间进行通风所需要的风量。

（4）对检测结果进行评估

综合以上信息，对检测结果进行评估，为下一步的工程控制和防护设备选用等工作提供依据。

①检测结果显示，受限空间内没有有毒气体或其浓度未超过国家职业卫生标准规定值，且氧气含量为 19.5%～23.5%，作业人员可选择紧急逃生呼吸器。

②采取工程控制措施后，氧气含量为 19.5%～23.5%，但危险有害气体的浓度始终大于标准规定值，则要依据以下基本原则选配呼吸防护用品：职业卫生标准规定浓度≤有毒气体浓度<10 倍职业卫生标准规定的浓度值，可选择防毒面具；10 倍职业卫生标准规定浓度≤有毒气体浓度<立即威胁生命和健康浓度值，可选择连续送风式长管呼吸器、高压式空气呼吸器等隔离式呼吸防护用品。

③对于可能正存在有毒气体的浓度突然升高情况的受限空间，为保证作业人员安全，应提高防护水平，选择长管呼吸器等隔离式的呼吸防护用品。

④采取工程防护措施后，危险有害气体的浓度仍超过 IDLH 值，或环境缺氧，如无必要，不应实施作业。如果必须进行作业，则作业人员应选择佩戴配有备用气源的长管呼吸器等隔离式呼吸防护用品。

⑤环境中含有可燃气体时，带入受限空间的所有设备均需满足防爆要求。当易燃易爆气体的浓度超过其爆炸下限的 20% 时，禁止进入受限空间实施作业，必须采取工程防护措施以降低可燃气体的浓度。

5. 作业过程中的实时检测

由于受限空间内部环境及作业的复杂性，在对受限空间初始环境检测确认作业人员可以安全进入后，为保证作业过程中的人员安全，现场监护人员必须对受限空间进行实时检测，且必须持续进行到作业人员撤离受限空间才能结束。实时检测主要有内外两种检测方式。

(1) 受限空间外实时检测

负责检测的人员在受限空间外使用泵吸式气体检测报警仪进行检测。将采气导管投掷到作业人员所在的作业场所，并随作业人员的移动而移动。一旦有毒有害气体的浓度超过预设的报警值时，仪器便会发出报警，地面监护人员则立即通知作业人员进行撤离，并在作业人员重新进入实施作业前采取措施降低危险有害气体的浓度。这种方法的优点就是能够在最大限度上保证检测人员的安全，并且作业现场的负责人可根据环境中气体浓度的变化随时调整及完善作业方案，从而确保作业人员的安全。

（2）受限空间内的实时检测

作业人员携带气体检测报警仪进入受限空间进行检测，这种实时检测方式是上一种检测方式的补充。尤其是当受限空间内的障碍物较多；采气导管容易被划破，影响检测结果；或需要进行长距离作业，采气泵无法达到要求时，必须将气体检测报警仪带入受限空间内进行检测。作业人员将检测结果及时向监护人员、作业负责人进行通报，一旦仪器发出报警，应及时采取处置、撤离等措施。这种实时检测方式对作业人员的应急处置和自救能力都提出了较高的要求。

八、通风换气

通风换气是保证受限空间作业安全的重要措施。无论气体检测合格与否，对受限空间作业场所进行通风换气都是必须要做的，尤其是从事危险有害物质的清理、涂刷作业、电气焊等，其作业本身会散发出危险有害物质，所以更应加强通风换气。通风方式示例如图4—4所示。

（1）在确定受限空间范围后，先打开受限空间的门、窗、通风口、出入口、人孔、盖板等进行自然通风。受限空间的许多场所往往处于低洼处或密闭环境，仅靠自然通风很难置换掉危险有害气体，因此必须进行强制性通风，以迅速排除限定范围内受限空间内的危险有害气体。

（2）当进行强制通风使用风机时，必须确认受限空间是否处于易燃易爆的环境中，若检测结果显示处于易燃易爆的环境，必须使用防爆型排风机，否则易发生着火、爆炸事故。

（3）通风时应考虑足够的通风量，以保证能稀释作业过程中释放出来的危害物质，满足安全呼吸的要求。

（4）在进行通风换气时，必须注意受限空间在通风时不易置换到的一些死角，对此应采取有效措施。如受限空间仅有一个出入口，若排风机放在洞口往里吹，则效果不佳，可接一段通风软管直接放在受限空间底部进行通风换气。对有两个或两个以上出入口的受限空间实施通风换气时，气流很容易在出入口之间循环，形成一些空气不流通的死角。为使这些死角的危险有害气体得到置换，作业人员应设置挡板或改变吹风方向。对于不同比重的气体，也应采用不同的通风方法。

危险有害气体比重比空气重的，如硫化氢、苯、甲苯、二甲苯等，一般会活动在受限空间的中下部，通风时应选择中下部；危险有害气体比重比空气轻的，如甲烷、一氧化碳等，一般会活动在受限空间的中上部，通风时应选择中上部，直至受限空间内危险有害气体的检测合格。值得注意的是，即使检测合格，在受限空间作业过程中，受限空间内危险有害气体的浓度仍有增加和超标的可能。这是因为在作业中，一是受限空间内的污泥、杂物等在翻动、清理过程中，危险有害物质会自然释放出来；二是某些涂刷、切割等作业中也会产生一些危险有害物质。因此在作业期间，应始终保持对受限空间内的通风。

（5）通风换气时一定要注意新鲜空气的来源，风机应避免选择放置在启动中的机动车排气管附近等可能释放出尾气或其他可能产生有害气体的地方。禁止向受限空间输送氧气来稀释危险有害气体。

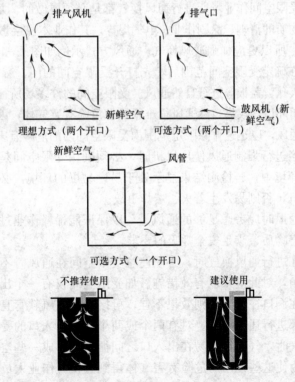

图4—4 通风方式示例

九、正确防护

对受限空间采取上述几项措施后，若有毒有害气体的浓度合格，作业人员方可进入；若受限空间内危险有害气体仍存在超标或有可能超标，而在这种情况下仍需要进入时，作业人员必须佩戴供压缩空气的正压式呼吸器或长管式呼吸器进入受限空间内进行作业，严禁使用过滤式防毒面具。当作业人员进行高处作业时，应配备安全带、安全绳、速差式控制器等防坠落用具。此外，还应根据作业环境配备防护服、防护手套、防护鞋、防护眼镜等个体防护用品。

十、安全监护

由于受限空间作业的情况复杂、危险性大，必须指派经过培训合格的专门人员担任监护工作。监护人员应熟悉作业区域的环境和工艺情况，有判断和处理异常情况的能力，掌握急救知识。作业期间，监护人员应防止无关人员进入作业区域，掌握作业的进行情况，与作业者保持有效沟通，在发生紧急情况时向作业者发出撤离警告，必要时立即呼叫应急救援服务，并在受限空间外实施紧急救援工作。监护人员对作业全过程进行监护，工作期间严禁擅离职守。

十一、安全撤离

当完成受限空间作业后，监护人员要确保进入受限空间的作业人员全部退出作业场所，清点人数、物资无误后，方可关闭受限空间的盖板、人孔、洞口等出入口，同时清理受限空间外部作业环境，上述环节完成后方可撤离现场。

上述作业程序如图4—5所示。同时，在以上作业过程中使用到的相关安全防护设备、器材，要求关键环节必须采取冗余设计，从而确保整个作业环节安全、顺利进行。

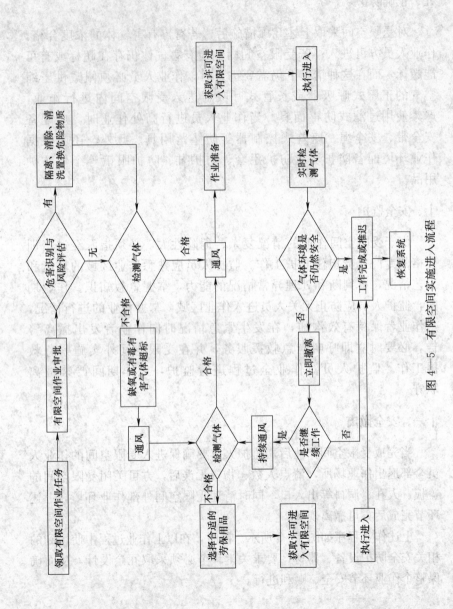

图 4—5　有限空间实施进入流程

第二节　典型行业受限空间作业安全管控要点

一、地下受限空间作业

地下受限空间作业是在受限空间作业中占比重相当大的作业种类，如地下管道、地下室、地下仓库、地下工程、暗沟、隧道、涵洞、地坑、废井、地窖、污水池（井）、沼气池、化粪池、下水道等各类作业。

1. 地下受限空间作业的特点

（1）地下受限空间情况复杂，危险性的预料和判断难度较大。

（2）作业场所光线较暗、潮湿或气味难闻，作业环境较为恶劣。

（3）工作多是管线清淤、污水井清掏、化粪池清理等重体力劳动。

（4）由于多为简单重体力劳动，导致参与的作业人员多为农民工等，存在作业人员流动性大、受教育程度较低及对受限空间作业内的危险有害因素认识不足等缺点。

（5）安全防护设备是受限空间作业过程中必不可少的装备。

2. 地下受限空间作业环境风险评估

很多地下受限空间安全生产事故的发生都是由于未充分认识到可能存在的风险而贸然进入引起的，因此在作业前对受限空间进行危险有害因素的辨识，找出所有可能会发生事故的因素尤为重要。分析要从环境中原本存在的和在作业过程中使用的物料及设备等带来的影响两个方面进行分析，分析是否存在缺氧窒息、燃爆、中毒、淹溺、高处坠落、触电、机械伤害、极端温度、噪声等因素。

地下受限空间作业普遍存在的危险有害因素如下。

（1）物体打击

许多地下受限空间，作业人员在作业过程中，由于其安全意识不强，监护人员监护不到位，在传递工具或打开窨井盖、釜盖等过程中发生物体打击伤害。

（2）中毒或窒息

大多受限空间由于长期处于密闭状态，且很少进行清理和维护，或在发酵菌长期作用下产生并积聚有毒有害气体，倘若在作业过程中安全措施不落实，通风不彻底，往往使危险有害物质和窒息性气体滞留在受限空间内，致使作业人员中毒或窒息。

【事故案例】

2009年8月1日8时许，北京某公司吸污车司机侯某带领清洁工高某驾驶吸污车，到嘉华大厦B座化粪池进行吸污作业。当时，物业公司维修班人员到达作业现场监护，并要求侯某将D座一个污水管网检查井内的油块一并清除。侯某二人完成B座化粪池吸污作业后，随即检查了D座、F座的有关井池，当检查到F座西北角化粪池检查井时，发现井内有杂物堆积，侯某便仅穿雨鞋，携带铁钩，在未进行检测、通风和佩戴任何防护用品的情况下，贸然下井作业，不久晕倒在井内污水中，井上高某见状，没有贸然施救，一边求助，一边用工具拖住侯某下巴，防止其头部没入水中，后经路人报警，救援人员赶到后将侯某救出，经医务人员抢救无效死亡。

经疾控中心工作人员现场检测（6.5 h）后，甲烷浓度超过国家标准3.7倍，氧含量低于正常值，初步分析为缺氧窒息死亡。

（3）高空坠落

在作业人员进入受限空间过程中，由于踏步损坏、未采取合理的防坠落措施等情况或高温、光线不良等环境因素的影响，极易造成高空坠落事故。

（4）触电

作业人员进入受限空间作业，往往需要进行焊接、抽水或使用手持电动工具等作业，在作业过程中，由于空间内的空气湿度大致电源线漏电、未使用漏电保护器或漏电保护器选型不当以及焊把线绝缘损坏等，造成作业人员触电伤害。

（5）爆炸

由于通风不良，受限空间内的有害物质挥发的可燃气体在空间内不断聚集，当其达到爆炸极限后，遇明火即会发生爆炸，造成人员、设施的损害。

综上所述，在进入受限空间作业前要充分、细致地辨识可能存在的危险有害因素，并有针对性地制定相应的防护措施，才能保证安全作业。

3. 地下受限空间作业人员的风险评估

地下受限空间作业由于具有劳动强度大、劳动技术含量低、环境恶劣等特点，导致作业人员往往都是临时工或农民合同工。这部分人主要来自偏远的农村，大部分人是文盲，有的知识水平只相当于小学水平。根据调查，87％的农民工未参加过岗位培训或未取得有关岗位证书和技术等级证书，放下镰刀就拿起工具，不具备应有的岗位知识，缺少必要的安全技能培训教育。他们不熟悉现场的作业环境，不了解施工过程中的不安全因素，缺少安全知识、安全意识、自我保护能力，不能辨别危害和危险。有的农民工第一天来上班，第二天甚至就发生伤亡事故；还有些工程项目对分包单位实行"以包代管"，使得受限空间作业中安全生产有关的法规、标准只能停留在管理人员这一层，落实不到一线的作业人员身上，因此，操作人员不了解或者不熟悉安全规范和操作规程，又缺少管理，违章作业现象得不到及时纠正和制止，不能及时辨识出事故隐患，更谈不上整改，所以往往导致他们既是事故的受害者，又是事故的肇事者。

为了提高作业人员的安全意识和安全技能，减少和杜绝违章作业的发生，从而避免造成事故，应从安全法律法规、操作规程、劳动保护用品的正确使用方法、应急救援、典型案例等内容着手开展教育培训工作。

4. 地下受限空间作业的管控要点

（1）认真填写《受限空间作业审批表》，经批准后方可实施。

（2）作业前应查清作业区域内的管径、井深、水深及附近管道的情况，如图4—6、图4—7和图4—8所示。

（3）下井作业前，必须在井周围设置明显隔离区域，夜间应加设闪烁警示灯。若在城市交通主干道上作业占用一个车道时，应按《占道作业交通安全设施设置技术要求》在来车方向设置安全标志，并派专人指挥交通，夜间工作人员必须穿戴反光标志服装。

（4）作业前由现场负责人明确作业人员各自任务，并根据工作任务进行安全交底，交底内容应具有针对性。新参加工作的人员、实习人员和临时参加劳动的人员可随同参加工作，但不得分配单独作业的任务。

（5）作业人员应采用风机强制通风或自然通风，机械通风应按管道内平均风速不小于 0.8 m/s 选择通风设备，自然通风时间至少 30 min，并在整个作业过程中持续通风。

（6）下井前进行气体检测时，应先搅动作业井内的泥水，使气体充分释放出来，以测定井内气体的实际浓度。检测井下的空气含氧量不得低于 19.5%。常见危险有害物质的职业接触限值见表 4—3。

图 4—6 手持式电视检查设备

图 4—7 车载式闭路电视检查设备

图 4—8 管道联合疏通车

表 4—3　　　　　　　　常见危险有害物质职业接触限值

气体名称	相对密度（取空气相对密度为1）	最高容许浓度/（mg/m³）	时间加权平均容许浓度/(mg/m³)	短时间接触容许浓度/（mg/m³）	说明
硫化氢	1.19	10			
一氧化碳	0.97		20	30	非高原
氰化氢	0.94	1			
溶剂汽油	3~4		300		
一氧化氮	2.49		15		
苯	2.71		6	10	

注：大部分气体检测仪器测得的气体浓度都是体积浓度（ppm）。而按我国规定，特别是环保部门，则要求气体浓度以质量浓度的单位（如 mg/m³）表示，国家的标准规范也都是采用质量浓度单位（如 mg/m³）表示。体积浓度单位 ppm 与质量浓度单位 mg/m³ 的换算按下式计算：$mg/m^3 = M/22.4 \times ppm \times [273/(273+T)] \times (Ba/101\ 325)$

上式中：M——气体分子量；ppm——测定的体积浓度值；T——温度；Ba——压力。

（7）如气体监测仪出现报警，则需要延长通风时间，直至气体监测仪检测合格后方可下井作业。若因工作需要或紧急情况必须立即下井作业时，必须经单位领导批准后佩戴正压式空气呼吸器或长管式呼吸器下井。

（8）作业人员必须穿戴好劳动防护用品，并检查所使用的仪器、工具是否正常。

（9）下井前必须检查踏步是否牢固。当踏步腐蚀严重、损坏时，作业人员应使用安全梯或三脚架下井。下井作业期间，作业人员必须系好安全带、安全绳（或三脚架缆绳），如图 4—9、图 4—10 和图 4—11 所示。安全绳（或三脚架缆绳）的另一端在井上固定，监护人员做好监护工作，工作期间严禁擅离职守。

（10）下井作业人员禁止携带手机等非防爆类电子产品或打火机等火源，必须携带防爆照明、通信设备（见图 4—12）。可燃气体浓度超标时，严禁使用非防爆相机拍照。作业现场严禁吸烟，未经许可严禁动用明火。

图 4—9　三脚架　　　　　　　图 4—10　安全绳滑轮组合

图 4—11　下井作业升降示范

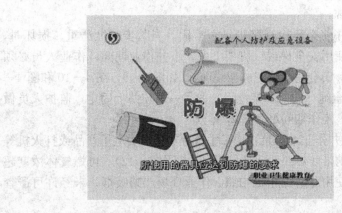

图 4—12　防爆设备、器材

（11）当作业人员进入管道内作业时，井室内应设置专人呼应和监护。作业人员进入管道内部时携带防爆通信设备，随时与监护人员保持沟通，若信号中断必须立即返回地面。

（12）对于污水管道、合流管道和化粪池等地下受限空间，作业人员进入时必须穿戴供压缩空气的正压式呼吸器或送风式长管呼吸器（见图4—13、图4—14），严禁使用过滤式防毒面具；对于缺氧或所含危险有害气体的浓度超过容许值的雨水管道，作业人员也应穿戴供压缩空气的正压式呼吸器或送风式长管呼吸器进入。

（13）佩戴隔离式防护装具下井作业时，呼吸器必须有用有备，无备用呼吸器严禁下井作业。作业人员须随时掌握正压式空气呼吸器的气压值，判断作业时间和行进距离，保证预留足够的空气返回；作业人员听到空气呼吸器的报警音后，必须立即撤离。

图4—13　正压式长管空气　　　　图4—14　佩戴正压式呼吸器
　　　　呼吸器气瓶组合　　　　　　　　　　防护面罩下井示范

（14）作业人员进入管内进行检查、维护作业的管道，其管径不得小于0.8 m，水流流速不得大于0.5 m/s，水深不得大于0.5 m，充满度不得大于50%。否则，作业人员应采取封堵、导流等措施降低作业面水位，符合条件后方可进入管道。封堵一般采取盲板或充气管塞封堵。排水管道封堵时，应先封上游管口，采取水泵导流，再封下游管口，防止水流倒流，从而成为受限空间作业限定的安全作业环境；拆除封堵时，应先拆下游管堵，再拆上游管堵。使用盲板封堵时，要求盲板必须完好，不得有沙眼和裂缝，并且具有一定的强度，能承受排水管道内水流的压力。使用充气管塞封堵时，要求封堵前将放置管塞的管段清理干净，防止管段内突起的尖锐物体刺破或擦坏管塞，并且充气压力不得超过最大试验压力，如图4—15、图4—16所示。

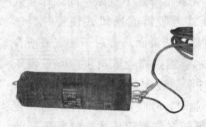

图4—15　充气管塞

图4—16　空气压缩机充气操作

（15）作业过程中，必须有不少于两人在井上监护，并随时与井下作业人员保持联络。气体检测仪必须全程连续检测，一旦出现报警，作业人员应立即撤离。工作期间严禁擅离职守，严禁一人独自进入受限空间作业。

（16）上下传递作业工具和提升杂物时，应用绳索系牢，严禁抛扔，同时下方作业人员应避开绳索正下方，防止坠物伤人。

（17）井内水泵运行时人员严禁下井，防止触电。

（18）作业人员每次进入井下连续作业时间不得超过1 h。

（19）当发现潜在危险因素时，现场负责人必须立即停止作业，让作业人员迅速撤离现场。

（20）发生事故时，严格执行相关应急预案，严禁盲目施救，防止事故扩大。

（21）作业现场应配备必备的应急装备、器具，以便在紧急情况下抢救作业人员。

（22）作业完成后盖好井盖，清理好现场后方可离开。

二、密闭设备作业

反应釜、反应塔、储罐等密闭设备的清洗、维护、涂装、动火等作业是受限空间作业的重要组成部分。为加强进入受限空间作业的安全管理，防止发生缺氧、中毒窒息和火灾爆炸等事故，对于进入密闭设备作业，应注意以下事项。

1. 危险辨识

针对作业内容，对密闭设备进行危险有害因素辨识，组织分析内部是否存在缺氧、富氧、易燃易爆、危险有害、高低温、负压等危害因素，制定相应的作业程序、安全防范和应急措施。

2. 作业许可

必须办理《受限空间作业审批表》。

3. 安全交底

（1）由设备所属主管领导组织有关专业技术人员会同实施作业的现场负责人及监护人员等，对需进入作业的设备、设施进行现场检查，对作业内容、可能存在的风险以及施工作业环境进行交底，结合作业环境对审批表列出的有关安全措施逐条确认，并将补充措施确认后填入相应栏内。

（2）由现场负责人向作业人员进行作业程序和安全措施交底，明确作业人员和监护人员的责任。当实施作业的单位和设备所属单位不是同一单位时，双方各出一名监护人。

4. 仪器设备配备

配备检测仪器，并设置相应的通风设备，按 GB/T 11651—2008《个体防护装备选用规范》的要求配备个人防护用品。

5. 检测分析

（1）安排分析检测人员对设备内的氧气、可燃气体、危险有害气体的浓度进行分析。

（2）取样分析要有代表性、全面性。设备容积较大时要对上、中、下各部位取样分析，应保证设备内部任何部位的危险有害气体的浓度和氧含量合格（空气中可燃性气体浓度低于其爆炸下限的 10％为合格；对船舶的货油舱、燃油舱和滑油舱的检修、拆修，以及油箱、油罐的检修，空气中可燃性气体浓度低于其爆炸下限的 1％为合格。氧含量 19.5％～23.5％为合格）；危险有害物质不超过国家规定的卫生接触限值。作业设备内的温度应与环境一致。分析结果报出后，样品至少应保留 4 h。

（3）因条件所限而必须进入氧含量不合格、危险有害气体超过国家卫生标准限值的设备内作业时，应制定专门的安全措施，并报上级领导审批，由安全监督管理部门派人到现场监督检查。可燃气体检测不合格时严禁盲目进行此类作业。

6. 工程控制

（1）在进入设备作业前，严禁同时进行各类与该设备相关的试车、试压或试验工作及活动。将设备吹扫、置换合格，所有与其相连且可能存在危险有害物料的管线、阀门断开并加盲板隔离，不得以关闭阀门代替安装盲板，盲板处应挂标志牌。严禁堵塞通向受限空间外大气的阀门。

（2）必须将设备内残留的液体、固体沉积物及时清除处理，或采用其他适当介质进行清洗、置换，且保持足够的通风量，将危险有害的气体排出受限空间，同时降温，直至达到安全作业环境要求。

（3）带有搅拌器等转动部件的设备，必须在停机后办理停电手续，切断电源、摘除保险或挂接地线，并在开关上挂"有人检修、禁止合闸"标志牌，必要时设专人监护。

（4）对盛装过能产生自聚物的设备，作业前必须进行置换，并做聚合物加热试验。

（5）设备必须牢固，防止侧翻、滚动及坠落。在设备制造时，因工艺要求受限空间必须转动时，应限制最高转速。

7. 作业期间的监测

（1）作业期间应每隔 4 h 取样复查一次，除必须实施的作业外，如有 1 项分析不合格，应立即停止作业。

（2）进入存有残渣、填料、吸附剂、催化剂、活性炭等设备内工作，必须每半小时对设备内的气体检测 1 次。

8. 作业现场外管理

（1）应防止人员误进，在作业设备的入口处设置"危险！严禁入内"警告牌或采取其他封闭措施。

（2）作业现场应设置作业牌，将作业申请审批表、监护人、进入密闭设备作业人员的工作证放入牌内，方便监护人员核对及各级安全监督管理人员监督检查。

9. 作业工具使用

进入设备内作业不得使用卷扬机、吊车等运送作业人员，作业人员所带的工具、材料须进行登记，禁止携带与作业无关的物品工具，同时禁止与作业无关的人员进入。

10. 电气设备和照明安全

（1）进入设备内作业应使用安全电压和安全灯具。进入金属容器（炉、塔、釜、罐等）和特别潮湿、工作场地狭窄的非金属容器内作业，照明电压不大于 12 V；当需使用电动工具或照明电压大于 12 V 时，应按照规定安装漏电保护器，灯具或工具与线的连接应采用安全可靠且绝缘的重型移动式通用橡胶套电缆线，露出的金属部分必须完好连接地线，其接线箱（板）严禁带入容器内使用。

（2）作业环境原来用于盛装爆炸性液体、气体等介质的，则应使用防爆电筒或电压不大于 12 V 的防爆安全灯具，灯具变压器不应放在容器内或容器上；作业人员应穿戴防静电工作服，使用防爆工具，严禁携带手机等非防爆通信工具和其他非防爆器材。

（3）对于引入设备内的照明线路必须悬吊架设固定，以避开作业空间；照明灯具不许用电线悬吊，照明线路应无接头。

11. 通风

为保证设备内的空气流通和作业人员呼吸的需要，可先采取自然通风，但必须设置机械通风。使用抽风机时，吸风口应放置在下部。当存在与空气密度相同或小于空气密度的污染物时，还应在顶部增设吸风口。此外，在有条件的情况下应使用鼓风机向设备内输送新鲜空气，加快设备内的空气流动。严禁用纯氧进行通风。设备内的作业人员每次作业时间不宜过长，应安排轮换作业或休息。

12. 个人安全防护

（1）在设备内的高处作业时，必须设置脚手架，并固定牢固；作业人员必须佩戴安全带和安全帽。

（2）根据作业环境和有害物质的情况，应按 GB/T 1165—2008《个体防护装备选用规范》规定，分别采用头部、眼睛、皮肤及呼吸系统的有效防护用具。在特殊情况下（如油罐清罐、氮气状态下），作业人员应戴长管呼吸器或正压呼吸器。使用送风式长管呼吸器时，送风设备必须安排专人监护。

13. 安全撤离

（1）在作业期间发生异常变化时，应立即停止作业，待处理并达到安全作业条件后，须重新办理《受限空间作业审批表》方可进入。

（2）作业结束后，应进行全面检查，确认无误后方可签字交验。

14. 应急救援设备

（1）设备外敞面周围应有便于采取急救措施的通道和消防通道，通道较深的设备必须设置有效的联络方法。

（2）根据需要制定安全应急预案，内容包括作业人员在紧急状况时的逃生路线和救护方法，监护人与作业人员约定联络信号，现场应配备的救生设施和灭火器材等。现场人员应熟知应急预案内容，在设备外的现场配备一定数量符合规定的应急救护器具（包括正压呼吸器、长管呼吸器、救生绳等）和灭火器材。出入口内外不得有障碍物，保证其畅通无阻，便于人员出入和抢救疏散。

（3）出现作业人员中毒、窒息等紧急情况时，抢救人员必须佩戴隔离式防护装具进入设备，并至少有 1 人在外部做联络工作。

15. 涂装作业和动火作业中特别注意的事项

在密闭设备的各类作业中，涂装作业和动火作业的危险性更大，因此在作业中还应特别注意以下几个方面。

（1）涂装作业

①涂装作业时，设备外敞面应设置警戒区、警戒线、警戒标志，未经许可不得入内。

②进行涂装作业时，不论是否存在可燃性气体或粉尘，都应严禁携带能产生烟气、明火、电火花的器具或火种进入设备内，严禁将火种或可燃物落入设备内。

③设置灭火器材，专职安全员应定期检查，以保持有效状态；专

职安全员或消防员应在警戒区定时巡回检查，监护作业过程。

④进行涂装作业时，设备外必须有人监护，遇有紧急情况，应立即发出呼救信号。

⑤在仅有顶部出入口的设备内进行涂装作业的人员，除佩戴个人防护用品外，还必须腰系救生索，以便在必要时由外部监护人员拉出设备。

⑥在进行涂装作业时，应避免各物体间的相互摩擦、撞击、剥离，在喷漆场所不准脱衣服、帽子、手套和鞋等。

⑦涂装作业完毕后，剩余的涂料、溶剂等物必须全部清理出设备，并存放到指定的安全地点。

⑧涂装作业完毕后，必须继续通风并至少保持到涂层实干后方可停止。在停止通风后，至少每隔 1 h 检测可燃性气体的浓度，直到符合规定方可拆除警戒区。

（2）动火作业

①进行动火作业时，除要有受限空间作业许可证外，还要办理动火证。

②作业采取轮换工作制，设备外必须有人监护，遇有紧急情况应立即发出呼救信号。

③在仅有顶部出入口的受限空间进行热工作业的人员，除佩戴个人防护用品外，还必须腰系救生索，以便在必要时由外部监护人员拉出设备。

④在所有管道和容器内部不允许残留可燃物质，可燃气体的浓度符合规定方可作业。

⑤在设备内或邻近处需进行涂装作业和动火作业时，一般先进行动火作业，后进行涂装作业，严禁同时进行两种作业。

⑥带进设备内用于气割、焊接作业的氧气管、乙炔管、割炬（割刀）及焊枪等物必须随作业人员的离开而被带出受限空间，不允许留在设备内。

⑦在已涂覆底漆（含车间底漆）的工作面上进行动火作业时，必须保持足够通风，随时排除有害物质。

第三节　受限空间事故案例分析

一、责任制不落实引发的事故

1. 排水管道工程急性中毒事故

2002 年 9 月 23 日，福建省厦门市某排水管道工程发生一起急性中毒事故，造成 3 人死亡。

（1）事故发生经过

厦门市在某地拟于地下 0.7 m 深处铺设一条污水管道，为不破坏路面，准备采用顶管施工。该工程由安徽某地质基础公司第一工程处承接施工。2002 年 9 月 23 日，由项目经理安排进行前期准备，由杏北立交桥北侧 100 m 处的污水管道井，开挖一条直径 110 mm、长12 m 的管道，与道路东侧雨水收集井相连接。其中 1 名作业人员下井到 1.2 m 深处用电钻开始钻孔，工作不到 1 h 后中毒窒息倒下，地面上的两人见状相继下井抢救，因未采取任何保护措施，也中毒窒息，造成 3 人死亡。

（2）事故原因分析

①技术方面。该管道为厦门某工业区的主要排污管道，废水量大，常年积存有毒有害气体，附近又有污水泵站，使管内废水不断地流动以致毒害气体散发。该项目经理无相应工程资质证明，作业前未调查作业环境，未检测井下气体，也未研究采取防护措施、制定救援预案，盲目下井作业。由于井下毒害气体（硫化氢、一氧化碳等）的散发，再加上井下缺氧条件致使作业人员中毒晕倒。

②管理方面。该公司承接工程后，未及时对工程作业环境进行全面了解和制定相应的施工方案，项目经理在安排具体工作前不但未勘查现场并研究采取相应的安全措施，而且也不向作业人员进行交底并提示他们应注意的事项，加上作业人员未经培训就上岗作业才导致事故发生，又由于作业人员不懂自我防护知识，在救援过程时，未采取防护措施致使事故扩大造成多人死亡。

（3）事故结论与教训

①事故主要原因。本次事故主要是由于施工单位的管理失控，在作业前未制定完整的施工方案；项目负责人在安排施工前未勘查现场，未向作业人员交底，未准备检测仪器和救援器材；作业人员未经培训上岗，最终导致发生事故。

②事故性质。本次事故属于责任事故。从公司无详细的施工方案，到项目经理安排工作前无详细交底，再加上企业对作业人员不经培训就上岗，表现了各级对安全责任制的严重失职。

③主要责任。该工程项目负责人应对该施工项目的安全负责，在安排工作前不勘查现场，不进行交底，无救援措施，违章指挥，导致发生事故和救援不当致使事故扩大，负有直接指挥责任；该企业主要负责人应对该企业的安全生产工作负全面责任，施工前不编制方案，对作业人员不进行培训，项目经理无证上岗，企业管理混乱，负主要责任。

（4）事故的预防对策

此事故是在排水管道施工时未注意井下的毒气散发，事先无检测，作业人员未经培训，发生意外事故既无救援器材，也不懂自我防护知识以致事故扩大。所以，应该在施工前编制有针对性的施工方案，对作业人员进行培训，并有救援预案，而实现这一切的关键是领导必须切实认识和认真落实。

（5）专家点评

本次事故是在排水管道施工过程中，在管道井内钻孔时由于毒气散发导致的中毒事故，与河南新乡中毒事故和新疆阿克苏中毒事故情节相同，都是由于在作业前未提前调查，也没有做安全措施的准备，就连作业人员也未经培训、未进行交底，没有起码的救援知识，井下一人倒下，地面人员不采取任何安全措施就盲目下井救人，导致了事故扩大。同类事故的重复发生，反映了企业的领导忽视安全生产，安全责任制不落实，既无最基本的管理制度（如施工前应编制方案，下井前应调查清楚和准备救援器材，地面上设监护人等），也无作业前的交底制度，更没有对作业人员进行危害告知及明确施工注意事项。另外，一个企业发生重大事故，也是企业管理混乱的大暴露，说明了企业存在严重的问题，必须引起各级领导的重视，不能就事论事，要全面分析，彻底解决。

2. 硫化氢中毒死亡事故

2007 年 5 月，天津市连续发生两起硫化氢中毒死亡事故，共造成 5 人死亡，2 人受伤

(1) 事故发生经过

①2007 年 5 月 5 日 15 时 40 分，天津市津南区某公司在对该区黑子食品有限公司的污水处理池进行污水、污泥清理时，未经检测进入一通风不畅的污水池（5.9 m×3.4 m×3.35 m，人孔 0.7 m×0.7 m）内作业，其中两名施工人员在作业时中毒晕倒，另外两名施工人员盲目下池施救，也相继晕倒，事故共造成两人死亡，两人受伤。

②2007 年 5 月 14 日 9 时 10 分左右，天津市西青区某建筑工程有限公司在检修中北镇中北工业区内的阜盛道排污泵站污水闸时，未经检测进入污水井（深 5.37 m）内作业，发生硫化氢中毒事故，其中两名施工人员在作业时晕倒，另外 1 名施工人员盲目下井施救也中毒，3 人全部死亡。

(2) 事故原因

生产经营单位对安全工作和应急救援工作缺乏足够重视，主体责任不落实，进入密闭或通风不畅的空间内作业的有关制度不健全，下井作业前没有进行气体检测。

(3) 事故教训

应严格执行《排水管道维护安全技术规程》，下井作业前必须进行气体检测。

二、违章作业引发的事故

1. "8·3" 电力井一氧化碳中毒事故

(1) 事故经过

2007 年 8 月 3 日，某机电设备安装公司维护组组长郭某带领工人陈某、卢某及司机齐某，乘车对西山变电站至闵庄的电缆线路进行巡

视维护。12 时左右在维护闵庄路小屯桥东北角电力井时，因井底积水，维护人员将抽水泵和柴油发电机放置在电力井内平台上进行抽水作业，其间郭某和齐某外出买饮用水。约 15 时，在作业现场的卢某、陈某发现发电机缺油，二人下井给发电机加油，因井内一氧化碳浓度过高，卢某昏倒并坠入井内水中，陈某昏倒在井内平台上。郭某和齐某买水回来后，发现陈某倒在井内平台上，郭某在未采取任何安全防护措施的情况下贸然下井，用绳子系住陈某，让井上的齐某往井上拉，但齐某一人无法将其拉出井外，这时郭某也昏倒在井内平台上。15 时08 分齐某拨打 110、120、119 求救。经 119 工作人员现场救援，将郭某和陈某救出并送医院。经 119 工作人员和供电公司救援队抽水打捞，于 20 时 13 分将坠入井底水中的卢某打捞出井，经现场医务人员确认已经死亡，本次事故造成卢某、陈某死亡，郭某一氧化碳中毒。

（2）事故原因

①直接原因。一是作业人员违章作业。作业人员在作业过程中违反有关安全规定，在电力井内使用柴油发电机，因井下空间狭小，氧含量较低，柴油燃烧不充分而释放出大量一氧化碳，经测量事故发生时井下一氧化碳的浓度超过国家标准 11.46 倍，导致作业人员中毒。二是作业人员安全意识淡漠，在危险环境下作业未采取安全防护措施。卢某、陈某在未对井下作业条件进行检测，也没有穿戴个人防护用具的情况下贸然下井作业，郭某在下井进行施救时也未采取任何安全防护措施，导致事故发生并扩大。

②间接原因。一是安全生产管理缺失。公司管理人员对安全操作规程不熟悉，对相关的工艺和流程不熟悉，缺乏相关的安全生产管理知识，未能教育和督促从业人员严格执行相关的安全生产规章制度和安全操作规程，未向从业人员如实告知作业场所和工作岗位存在的危险因素、防范措施以及事故应急救援措施。二是劳动防护用品管理、使用制度不落实，没有监督、教育从业人员进行作业时携带好防毒面具等劳动防护用品，并按照使用规则佩戴、使用。

（3）事故性质

鉴于上述原因分析，根据安全生产有关法律、法规的规定，事故联合调查组认定，该起事故是一起因违章操作和安全生产管理制度不落实引发的生产安全责任事故。

(4) 事故防范措施

①采取有效措施落实安全生产责任制和安全生产规章制度,加强安全生产管理,加强生产作业过程中对安全操作规程执行情况的检查与监督,消除作业现场安全管理的空白,杜绝违章作业情况。

②加强职工的安全生产培训教育,增强其安全意识和自我保护意识,使从业人员了解并掌握安全操作规程和规范的内容及要求。加强安全防护用具发放、使用情况的管理,在危险环境下作业必须有专人检查作业人员遵守安全操作规程和安全防护用具使用的情况,从源头消除事故隐患。

③深刻汲取事故教训,向辖区人民政府作出深刻检查,同时在本系统内开展深入的安全生产检查,消除存在的不安全因素,确保安全生产。

2. 北京某市政工程有限公司"4·11"事故

(1) 事故经过

2007 年 4 月 11 日 15 时 40 分,北京某市政工程有限公司承揽的北京明天第一城住宅小区室外雨污水市政建设工程明天第一城 B06 地块 21 号楼南侧,发生一起中毒和窒息事故,死亡两人。

该公司将承揽的北京明天第一城住宅小区室外雨污水市政建设工程分包给承德某建筑工程有限公司施工。2007 年 4 月 11 日,承德某建筑工程有限公司于某安排工人王某、李某到 B06 地块 21 号南侧化粪池内进行抹灰搭架子作业。13 时 10 分,于某安排工人打开化粪池检查井井盖进行自然通风。15 时 40 分,两人在通过检查井进入化粪池时因缺氧窒息晕倒。在地面进行测量作业的李某发现后,下井施救也因缺氧晕倒。在场工人急忙将 3 人抢救出井。事故造成王某和李某死亡。

(2) 事故原因

①直接原因。承德某建筑工程有限公司工人王某、李某的安全意识淡薄,自我保护意识不强,没有根据受限空间作业安全规程要求,在进入化粪池等危险作业环境施工作业前没有测定氧气或者有害气体的浓度和强制通风,也没有配备必要的隔离式呼吸保护器具,就盲目

冒险下井施工作业，是事故发生的直接原因。

②间接原因。一是施工现场安全监督检查工作不到位。承德某建筑工程有限公司在安排工人到化粪池进行抹灰作业之前，只是进行了短时间的自然通风，没有采取足够的强制通风措施；对受限空间作业的危险性没有引起足够重视，没有安排专门的监护人员在井上监视作业情况；没有及时发现工人未配备防护用具的违章作业行为。北京某市政工程有限公司作为该住宅小区室外雨污水市政建设工程的总承包单位，未检查出承德某建筑工程有限公司没有市政建设工程施工资质就将工程发包给该公司；对分包施工现场安全生产监督的管理工作不到位，没有及时发现分包单位施工人员的冒险违章作业行为。

二是对施工人员的安全教育不够，交底缺乏针对性。承德某建筑工程有限公司没有针对化粪池受限空间作业对施工人员进行有针对性的安全教育，安全技术交底流于形式，没有针对性，没有深入人心，致使王某、李某安全生产意识淡漠，自我保护意识不强，违章作业。

3. 河南省濮阳市某集团"2·23"较大中毒窒息事故

（1）事故经过

2008年2月23日上午8时左右，承包商山东某安装建设有限公司对该集团气化装置的煤灰过滤器（S1504）内部进行除锈作业。在没有对作业设备进行有效隔离，没有对作业容器内的氧含量进行分析，没有办理进入受限空间作业许可证的情况下，作业人员进入煤灰过滤器进行作业。10时30分左右，1名作业人员因窒息晕倒并坠落在作业容器的底部，在施救过程中另外3名作业人员也相继窒息晕倒在作业容器内。随后赶来的救援人员在向该煤灰过滤器中注入空气后，将4名受伤人员救出，其中3人经抢救无效死亡，1人经抢救脱离生命危险。

（2）事故原因

煤灰过滤器下部与煤灰储罐连接管线上有一膨胀节，膨胀节设有吹扫氮气管线。2月22日装置外购液氮气化用于磨煤机单机试车。液氮用完后，氮气储罐中仍有0.9MPa的压力。2月23日在调试氮气储罐的控制系统时，连接管线上的电磁阀误动作打开，使氮气储罐内的氮气窜入煤灰过滤器下部膨胀节的吹扫氮气管线,由于该吹扫氮气管线的两个阀门中的一个没有关闭,另一个因阀内存有施工遗留杂物而关闭不严,氮气窜入煤灰过滤器中,导致煤灰过滤器内的氧含量迅速减少,造成正在进行除锈作业的人员窒息晕倒。又由于盲目施救,导致伤亡扩大。

4. 某药厂水箱涂刷防锈漆有机溶剂中毒事故

(1)事故经过

1990年12月7日上午,某制药厂新建注射剂车间工地,临时工孙某进入注射剂车间储水箱内进行防锈漆涂刷作业。该储水箱长2.5 m,宽1.5 m,高2 m,顶上只有0.3 m² 的一个入口。下午,孙某和张某、刘某3人,在未采取强制通风和佩戴任何个人防护用品的情况下,再次进入储水箱进行涂刷作业,工作约30 min后,3人都感觉头晕,孙某不久晕倒,刘某和张某见状先从储水箱爬出,随后将孙某救出,立即送往医院,孙某经抢救无效死亡。

(2)事故原因

经调查发现,因储水箱不通风,涂刷防锈漆时,苯、甲苯和汽油等有毒有害挥发物大量释放出来,作业人员在没有任何防护的情况下吸入中毒。

经现场检测,储水箱内苯、甲苯和汽油的浓度严重超标。

三、安全投入不足引发的事故

1. 事故案例

2006年6月22日,上海市虹桥临时泵站在维修作业过程中,1名下井作业人员被硫化氢熏倒,2人盲目下井施救也先后中毒,3人全部死亡。

2006年8月8日,山西省太原市某污水净化厂1名工人在疏通污水井时中毒晕倒,3名工人盲目下井施救也相继中毒晕倒,4人全部死亡。

2007年2月5日中午12时,北京市某市政公司工人在进行污水井疏通作业过程中,发生一起因吸入不明气体导致的急性中毒事故,造成 1 人死亡。

2008 年 6 月，北京市海淀区田村锦绣大地物流港南门附近发生一起沼气中毒事故，两名工人在同一眼污水井内疏通管道时中毒身亡。据了解，工人下井前曾揭开井盖释放沼气，下井数分钟后也无异常，但在使用工具疏通时突发意外。

2. 事故原因

以上几起事故中，虽然有作业人员的安全意识差、对作业危险性认识不够及违章作业、冒险救援等原因，但作业单位的安全投入严重不足，没有为作业人员配备作业必需的气体检测仪、空气呼吸器等安全装备是事故发生的重要原因。

3. 事故经验教训

涉及污水泵站、排污管道、井、池清理作业施工的单位，要认真汲取教训，加大对安全生产的投入力度。一是必须为作业人员配备正压呼吸器或长管呼吸器、气体检测仪等安全装备设施；二是要对作业场所采取通风、排气等安全措施，有条件的应进行空气置换；三是要设有掌握应急救援知识的监护人员，并为其配备通信、救援等设备。

四、安全防护装备缺失或使用不当引发的事故

1. "6·15"污水井硫化氢中毒事故

（1）事故经过

2008 年 6 月 15 日，因道路雨污水管线堵塞，某劳务有限公司工人于某等 4 人到该处进行污水管线疏通作业。作业人员将检查井打开后，用氧气瓶接上管子向井内充氧，又用蜡烛做了试验后，孙某与郭某在未对井内气体进行检测、未佩戴任何个人防护用品的情况下，贸然下井进行疏通作业。在疏通作业过程中，孙某、郭某因硫化氢中毒晕倒在井内，经抢救无效死亡。

（2）事故原因

①直接原因。没有采取必要的安全措施、安全防护缺失是事故发生的直接原因。作业人员在进入检查井内进行疏通作业前，虽然采取了自然通风措施，但在长时间作业，特别是在管道部分疏通之后，上

游流下来的污水带有大量的有毒气体的情况下，没有对作业场所保持必要的检测，没有采取充分的通风换气措施，作业环境不符合安全作业的要求，且作业人员均未穿戴安全防护用具、未系安全带及安全绳，中毒后未能及时获救。

②间接原因。安全生产管理缺失是事故发生的间接原因。劳务有限公司安排人员在缺氧环境下进行危险作业，没有给作业人员配发必要的劳动防护用品，没有制定管道疏通作业施工作业方案，未对作业人员进行相关的安全技术交底。另外，在作业过程中，违反《缺氧危险作业安全规程》的规定，使用纯氧进行通风换气。

（3）事故性质

根据安全生产有关法律、法规的规定，事故联合调查组认定，这起事故是一起因违反生产安全法律、法规造成的生产安全责任事故。

（4）事故教训与防范措施

①依法加强本单位安全生产管理，建立、健全安全生产管理制度和安全生产责任制，并采取有效措施予以落实。

②加强对施工现场的安全生产监管，对现场存在的不安全因素要采取有效的安全防护措施，防止类似事故再次发生。

2. "2·6"污水厂硫化氢中毒事故

2007年2月6日8时，某污水处理有限公司在水管检修过程中发生急性中毒事故，造成3人死亡，1人急性中毒。

（1）事发经过

2007年2月6日上午8时，某污水处理有限公司委托某工程公司，对位于厂区西北角检修井出水管中间漏水的排气阀进行维修。现场参与管道修理的陆某、施某佩戴防毒口罩下井作业，先拧出水管接口处的螺钉，不久便昏迷。井旁开挖土机的吕某见状赶忙下井去拉，也随即昏迷。闻讯赶来的姜某用湿毛巾捂住鼻子，系好绳子下井营救，不久向井口监护人员示意不行了，井口监护人员随即将他拉出，姜某被拉出时昏迷，就近送往医院抢救。井口监护人员同时立刻拨打119，消防员来后将井口两块水泥盖板打开后救出陆某、施某和吕某，3人从井下救出时已经死亡。姜某9时20分送到医院时神志不清、意识障碍，经吸氧等治疗后苏醒，送ICU监护观察，基本恢复正常，自述无不适，也无阳性体征。

（2）事故原因

该污水管道主要收集处理化工、印染等企业的污水，污水中含硫化氢等有毒化学物质。检修井为受限空间，2月4日就发现污水管漏水，检修井井底有积水，具有产生大量硫化氢等有毒气体的条件。事故发生4h后现场仍有臭味，在井口敞开条件下仍检测到硫化氢超标10倍，可以推测发生事故时施工现场存在高浓度硫化氢气体。施工人员佩戴防毒口罩下井作业死亡，而现场抢救人员姜某在短暂接触有毒气体后发生昏迷，经吸氧等治疗后迅速好转，临床上符合窒息性气体中毒的特点。

本次事故究其原因为防护用品使用不当。施工人员已经意识到井下存在有毒有害气体，也知道需要进行防护才能下井作业，但因为对有毒有害气体的种类及危害认识不清，缺乏应有的警惕和判断，在未进行机械通风的情况下，进入高浓度有毒气体作业场所时盲目使用个人防护用品，仅佩戴对窒息性气体毫无作用的防毒口罩，随后的施救人员也缺乏应有的防护，造成惨剧发生，致使伤亡扩大。

（3）事故教训与防范对策

预防硫化氢中毒需要从培训、准入和防护等各个环节加强防范。应加强对受限空间作业中毒防范知识的培训，在培训的同时要特别强调正确使用个人防护用品。接触硫化氢的岗位，在不同的工作过程中应使用不同的防护用品。如，岗位人员正常巡检时，应携带硫化氢报警仪，佩戴过滤式防毒面具；下井维修养护作业时，应佩戴正压自给式呼吸器，并严格限制作业时间。

五、安全教育不到位引发的事故

1. 地下管井作业场所中毒事故

2005年，济南市连续发生两起地下管井作业场所中毒事故。

2005年7月11日，济南市某装饰有限公司的两名工人，在车站街为济南铁路会议中心清理下水道时，先后在3m深的污水沟里窒息死亡。

2005 年 7 月 22 日，济南市长清区某施工队职工在清理长城炼油厂的污水池时，两人在污水池内中毒窒息死亡。

（1）事故原因

上述事故发生后，济南市有关职能部门对事故发生的原因、责任进行了认真的调查分析，认定该几起事故均属于责任事故。事故原因主要是用人单位没有对职工进行必要的教育培训；职工缺乏基本的安全常识；施工单位制度不健全，管理不善。

（2）事故教训与防范措施

①要利用多种形式对从业人员进行安全常识和职业安全卫生知识宣传教育，让大家了解硫化氢、一氧化碳等有毒有害气体的性质、危害，知道哪些地方容易产生有害气体，如何预防这些气体的危害，提高从业人员的自我防护意识。

②各有关单位要建立、健全地下管井疏通作业操作规程，为从事管井疏通的作业人员配备职业危害防护设备及有效的个人防护用品，如空气呼吸器、安全绳等。

③有关单位要配备快速气体检测仪，及时掌握污水池及地下管井等场所有毒有害气体的种类及浓度，采取必要的通风排毒措施，严禁在有毒有害气体浓度超标时进行无防护冒险作业。

④建立、健全本单位地下管井及有毒有害气体场所的作业应急救援预案，并定期组织演练。

2. 含硫污水井掏泥作业死亡事故

（1）事故经过

某年 1 月 9 日，某县建筑工程公司民工队在加氢装置外承包一项任务，一民工佩戴隔离式防毒面具（软管式呼吸器），在装置外东侧公路旁含硫的污水井内掏泥。他下井后第一桶还未掏满，就站起来，随手摘掉防毒面具，立即被硫化氢熏倒。此时，在 50 m 外干活的四班班长听到呼救声，立即赶到现场，戴上一个活性炭滤毒罐就下井救人，结果也中毒倒下。后经奋力抢救，前面那个民工终因中毒时间较长、中毒过重，抢救无效死亡。

（2）事故原因

①民工佩戴软管式呼吸器是正确的防护措施。该民工为什么从井

内站起摘掉呼吸器，是软管中间有折弯造成憋气，还是有其他原因，根本就不清楚。而这也正是无人监护的惨痛教训。

②防毒面具不应随手摘下，未离开有毒环境就摘下面具，是防毒知识不足的反映。而四班班长戴着活性炭滤毒罐也中毒倒下，那是因为一般的活性炭滤毒罐对硫化氢起不了多大作用，必须戴 4L 型（灰）或 7 型（黄）滤毒罐防毒面具才有效，同样也反映了防毒知识和自救互救知识不足。

③上述两点归结到一点，就是所具备的防毒知识不足。而防毒知识的不足直接反映出企业安全教育工作不到位。

（3）事故教训与防范措施

加强对职工的安全教育，把普及防硫化氢中毒知识作为安全教育的重要内容。要让职工熟练掌握各种类型的个人防护用品，特别是本岗位常用的个人防护用品的使用方法和注意事项。

六、应急措施不到位导致的事故——"8·5"污水管道硫化氢中毒事故

1. 事故经过

2006 年 8 月 5 日 10 时 50 分左右，在某建筑工程有限公司负责施工的清河小营西侧至安宁庄路口道路工程施工现场，该公司现场负责人安排工人杨某在新建污水检查井内抹灰，原有旧污水管道突然爆裂，伴有硫化氢气体的污水大量喷出，导致杨某身体被污水冲击失去平衡，在井外进行回填土作业的工人孙某听到呼救声，只见杨某站立不稳身体倒地，被喷出的污水冲进尚未启用的新建污水管道内。孙某立即和随后赶来的两名工人王某、马某对杨某进行打捞，在打捞过程中，3人均有不同程度的硫化氢中毒。王某、马某、孙某 3 人被救至地面，经医院抢救脱离危险。杨某经抢救无效死亡。

2. 事故原因

（1）按工程设计方案，某建筑工程有限公司新建一口污水检查井，井内为新旧污水管道连接处。原污水管道是混凝土预制管，该管埋入地下多年已经老化，加上事故发生前雨水较多，管内压力较大，管道

耐压强度已达不到原设计标准。在施工过程中，原污水管道突然爆裂，大量污水和有毒气体喷涌而出，将在井内作业的工人杨某冲进新建的污水管道内，经法医尸检，排除杨某中毒死亡，结合案情分析杨某可能溺水死亡。

（2）安全措施不到位是造成杨某死亡的重要原因。某建筑工程有限公司在安排工人下井作业时对可能发生的危险缺乏充分的认识，没有考虑到旧污水管道存在安全隐患，作业人员没有安全应急措施，以致杨某被污水冲进管道内造成死亡。

（3）施救措施不当是造成多人中毒的重要原因。该公司在新建、改造污水管道施工过程中，未根据规定对施工工人进行培训教育，施工方案中又缺乏遇险情况下的应急救援措施，以致工人在事故发生时陷入慌乱中，因缺乏必要的自救知识，又盲目施救，造成多人中毒。

3. 事故教训与防范措施

（1）采取有效措施加强安全生产管理工作，依法落实国家规定的教育培训、考核管理制度，积极完善各项规章制度和操作规程。

（2）认真检查本单位在安全生产工作中存在的问题，落实安全生产责任制，及时发现并消除生产安全事故隐患，防止再次发生类似事故。

七、盲目施救、冒险施救导致事故进一步扩大

1. 事故案例

（1）2005 年 7 月 2 日，内蒙古自治区巴彦淖尔市乌拉特前旗西山嘴镇工业与城市污水合排应急工程，1 名施工人员在打通闭水试验封堵时中毒，另外 3 人在营救过程中也相继中毒，共造成 4 人死亡。

（2）2005 年 10 月 4 日，河北省张家口市东沙河污水干管工程，1 名施工人员进入管道中检修水泵时晕倒，另外 6 人立即进行抢救也晕倒，共造成 3 人死亡。

（3）2005 年 9 月 25 日，湖南省长沙市四季美景水木轩 5 号楼工程，1 名施工人员进入桩孔内作业时中毒晕倒，另外 3 名施工人员陆续下井施救也中毒晕倒，共造成 4 人死亡。

(4) 2006 年 5 月 7 日，新疆维吾尔自治区巴音郭楞州且末县供排水公司在检修该县客运站至玉石商贸城排水管沟时，因 1 名工人下井作业长时间无回应，供排水公司盲目组织 6 名工人下井抢救，因井下沼气浓度高，造成包括 5 名施救人员在内的 6 人死亡，1 人受伤。

(5) 2006 年 8 月 8 日，山西省太原市阴家堡污水净化厂 1 名工人在疏通污水井时中毒晕倒，3 名工人盲目下井施救，也相继中毒晕倒，4 人全部死亡。

(6) 2006 年 8 月 18 日，上海市嘉定区由搏击市政工程公司承接的污水管道疏通工程在施工中，1 人吸入硫化氢气体坠入井内，另外 2 人先后下井施救相继中毒，3 人全部死亡。

(7) 2008 年 6 月 29 日，在安徽省淮北市相山区南黎路污水管网清淤过程中，1 名工人因中毒窒息长时间未返回地面，其他 6 人在未佩戴任何防护器具的情况下，陆续盲目进入窨井中施救，导致 7 人中毒窒息死亡。

2. 事故原因

这几起事故的一个突出特点是，第一名工人中毒晕倒后，其他人员在没有任何防护措施的情况下盲目救援，前赴后继，造成群死群伤。

(1) 作业现场硫化氢气体浓度偏高，作业前未进行气体检测，未采取排风或通风措施。

(2) 首先下井的作业人员未采取有效的安全防护措施，而后面施救人员在施救过程中也未采取安全防护措施。

(3) 施工人员对下井作业的危险性认识不够或不清楚存在的危险，这往往与长期缺乏安全教育、安全培训有关。

(4) 施工人员和管理人员存在侥幸心理，认为自己身体强壮，憋口气就能下井解决问题，其实不然。

3. 事故教训与防范措施

上述几起事故，偶尔发生一起尚可理解，但同类悲剧一再重复发生，就值得认真总结和反思了。许多事故的直接责任者，同时也是受害者，他们大多数是死于无知，而真正应该对事故负责的是这些单位的管理者。规章制度不健全、宣传教育不落实、安全管理不到位，才是造成群死群伤的真正原因。

（1）必须加强对职工安全生产的教育与培训。重点要突出岗位安全生产的培训，使每个职工都能熟悉本岗位的职业危害因素和防护技术及救护知识，教育职工正确使用个人防护用品，教育职工遵章守纪与科学救援。

（2）要根据自身作业地点、生产过程中的危险源以及可能造成的危害，制定有针对性的应急预案，强化宣传教育，并组织进行演练。

（3）必须为作业人员配备正压呼吸器或长管呼吸器、救护索具等紧急防护设施。

习题四

一、判断题

1. 在强制通风使用风机时，必须确认受限空间是否处于易燃易爆环境中，若检测结果显示处于易燃易爆环境中，必须使用防爆型排风机，否则易发生着火爆炸事故。（　　）

2. 有毒有害气体比重比空气轻的，如甲烷等，通风时应选择中下部，直至受限空间内的有毒有害气体检测合格。（　　）

3. 在受限空间内进行涂刷、切割等作业，作业中产生的有毒有害物质只是少量的，不会对人体产生太大影响，因此在作业期间不用对受限空间持续通风。（　　）

4. 由于受限空间作业的情况复杂、危险性大，所以无论检测结果合格与否，都必须派专人监护。（　　）

5. 通风换气时一定要注意新鲜空气的来源，风机避免选择放置在启动中的机动车排气管附近等可能释放出尾气或其他可能产生有害气体的地方。（　　）

6. 检测人员可使用扩散式气体检测报警仪在受限空间外对气体进行检测。（　　）

7. 使用气体检测报警仪检测受限空间气体时，无须考虑检测顺序。（　　）

8. 只需在污水井井口测定硫化氢的浓度。（　　）

9. 受限空间进行通风换气后，应对气体环境再次进行检测。（　　）

10. 受限空间进行通风换气后，二次检测结果合格，则在实施作业过程中无须进行实时检测。（　　　）

11. 受限空间为缺氧环境时，可以用纯氧进行通风。（　　　）

12. 封堵盲板是受限空间作业场所与外界隔绝的有效措施。（　　　）

13. 置换密闭设备内有毒有害气体前，应先放空设备内残留的物质。（　　　）

14. 用氮气置换受限空间后，还须用空气再次进行置换，否则进入会发生窒息事故。（　　　）

15. 可以使用氧气对密闭设备进行气体置换。（　　　）

16. 在对供水管网的阀门井进行检查作业时发现井下有积水，应使用抽水机将积水抽出。（　　　）

17. 对污水井进行通风时，应打开与其临近的污水井盖，使排风效果更佳。（　　　）

18. 将风管口放在受限空间出入口进行通风。（　　　）

19. 反应釜与其他设备尚处在相通状态时，严禁打开设备上的孔、门或盖。（　　　）

20. 用水蒸气对反应釜进行置换后不用进行通风。（　　　）

21. 存在可燃气体的受限空间，应使用防爆风机进行通风。（　　　）

22. 使用充气管塞封堵时，不用清理管段杂物，可以将管塞直接放入管道内。（　　　）

23. 对于污水管道、合流管道和化粪池等地下受限空间，作业人员进入时可以使用过滤式防毒面具。（　　　）

24. 上下传递作业工具和提升杂物时，应用绳索系牢，严禁抛扔，同时下方作业人员应避开绳索正下方，防止坠物伤人。（　　　）

25. 在污水井内开展检查、维护等作业过程中发生人员中毒、窒息事故时，井上人员在未佩戴任何防护用品的情况下可以立即进入污水井施救。（　　　）

26. 佩戴正压式空气呼吸器下井作业时，作业人员在听到空气呼吸器的报警音后，必须立即撤离。（　　　）

27. 随着排水管网养护管理技术手段的不断进步，目前管道检查、维护等作业可以实现采用手持式 CCTV（QUICKVIEWXR）、CCTV

管道检测车、冲洗车、管道联合疏通车等机械设备完全代替人工下井作业。（　　）

28. 下井前进行气体检测时，应先搅动作业井内的泥水，使气体充分释放出来，以测定井内气体的实际浓度。（　　）

29. 作业人员佩戴正压式空气呼吸器下井作业时，呼吸器必须有用有备，无备用呼吸器严禁下井作业。（　　）

30. 当作业人员进入管道内作业时，应随时与监护人员保持沟通，期间若信号中断属正常情况，作业人员不必返回地面。（　　）

31. mg/m^3 表示气体浓度的体积浓度，ppm 表示气体浓度的质量浓度。（　　）

32. 燃气具有易燃易爆的特性，属于高度危险的物质。（　　）

33. 作业人员发现情况异常或感到不适、呼吸困难时，必须坚持完成作业，方可离开。（　　）

34. 监护人对安全措施落实情况随时进行检查，发现落实不到位或安全措施不完善时，有权提出暂停作业。（　　）

35. 出现作业人员中毒、窒息等紧急情况，应立即启动应急预案。（　　）

36. 作业单位应确保各种防护用品齐备有效。（　　）

37. 进入密闭设备作业前应办理作业审批申请。（　　）

38. 在密闭设备中进行动火作业时只办理动火作业证即可。（　　）

39. 在密闭设备中进行动火作业时需要同时办理作业许可证和动火作业证。（　　）

40. 当设备需要进行涂装作业和动火作业时，应先进行涂装作业。（　　）

41. 当设备需要进行涂装作业和动火作业时，应先进行动火作业。（　　）

42. 当设备需要进行涂装作业和动火作业时，无先后顺序。（　　）

43. 在受限空间进行涂装作业时，应避免各物体间的相互摩擦、撞击、剥离，在喷漆场所不准脱衣服、帽子、手套和鞋等。（　　）

44. 进行涂装作业时，设备外敞面应设置警戒区、警戒线、警戒标志，未经许可不得入内。（　　）

45. 在密闭设备内进行涂装作业，作业过程中应对氧气、可燃气体、有毒气体进行取样检测。（　　）

46. 涂装作业完毕后，可立即关闭设备出入口。（　　）

二、单选题

1. 对存在比重比空气重的有毒有害气体的受限空间，在使用风机进行通风换气时，应选择受限空间的（　　）。
  A. 中下部　　　　　　　　B. 中上部
  C. 上部　　　　　　　　　D. 以上均正确

2. 受限空间作业人员应对作业设备、工具及防护器具进行（　　），发现有安全问题应立即更换，严禁使用不合格设备、工具及防护器具。
  A. 维护保养　　　　　　　B. 危险辨识
  C. 安全检查　　　　　　　D. 以上均正确

3. 无论气体检测合格与否，对受限空间作业场所进行（　　）都是必须做到的。
  A. 安全隔离　　　　　　　B. 封堵
  C. 清洗置换　　　　　　　D. 通风换气

4. 在受限空间作业过程中使用到的相关安全防护设备、器材，要求关键环节必须采取（　　），从而确保整个作业过程能够安全顺利地进行。
  A. 冗余设计　　B. 严格执行　　C. 落实到位　　D. 单一设计

5. 使用气体检测报警仪进行检测时，应先测（　　）。
  A. 有毒气体　　B. 可燃气体　　C. 氧气　　D. 无所谓

6. 检测污水井中的硫化氢，检测点应设在井的（　　）。
  A. 上部　　　　B. 中部　　　　C. 下部　　　　D. 任意位置

7. 氧气检测报警仪低于（　　）会发出报警提示。
  A. 8%　　　　B. 10%　　　　C. 19.5%　　　　D. 23.5%

8. 对可能发生急性中毒、窒息的受限空间作业场所，应配置（　　）设备。
  A. 冲洗　　　　　　　　　B. 通风
  C. 运输　　　　　　　　　D. 以上均不正确

9. 受限空间危害控制措施之一是将作业场所与（　　　）有效隔离。

　　A. 外界　　　　　　　　　　B. 设备

　　C. 系统　　　　　　　　　　D. 以上均不正确

10. 风管应放置在受限空间（　　）进行通风。

　　A. 上部　　　　　　　　　　B. 中部

　　C. 下部　　　　　　　　　　D. 无位置要求

11. 有效隔离的方法之一是封堵（　　　）。

　　A. 盲板　　　　　　　　　　B. 通风口

　　C. 阀门　　　　　　　　　　D. 以上均不正确

12. 清洗液化石油气储罐时应使用（　　　）。

　　A. 氧气　　　B. 空气　　　C. 氮气　　　D. 水

13. 下列哪些措施不是受限空间危害通用的控制措施?（　　　）

　　A. 分析检测　　　　　　　　B. 隔离

　　C. 清洗和净化　　　　　　　D. 通风

14. 从事受限空间作业时，现场人员必须严格执行（　　　）的原则，对受限空间有毒有害气体的含量进行检测并全程监测，做好实时检测记录。

　　A. 边检测、边作业　　　　　B. 先作业、后检测

　　C. 先检测、后作业　　　　　D. 先搅动、后检测

15. 受限空间作业采用机械通风时，机械通风应按管道内平均风速不小于（　　　）来选择通风设备。

　　A. 0.5 m/s　　B. 0.6 m/s　　C. 0.7 m/s　　D. 0.8 m/s

16. 污水井、化粪池、排水管道等受限空间作业人员不可以随身佩戴、携带（　　　）设备。

　　A. 防爆手电　　　　　　　　B. 防爆对讲机

　　C. 过滤式防毒面具　　　　　D. 气体检测仪

17. 污水井、化粪池、排水管道等受限空间中存在的有毒有害气体，不包括（　　　）。

　　A. 硫化氢　　　B. 一氧化碳　　C. 氧气　　　D. 甲烷

18. 对作业人员进入排水管道内进行检查、维护作业的管道，其

管径不得小于（　　）。

　　A. 0.7 m　　　B. 0.8 m　　　C. 0.9 m　　　D. 1 m

19. 在忽略作业环境气压等因素影响条件下，已知环境温度为27℃时，气体检测仪检测到污水井中硫化氢气体的体积浓度为10 ppm，其相当于质量浓度（　　）。

　　A. 10 mg/m³　　　　　　　　B. 12 mg/m³

　　C. 14 mg/m³　　　　　　　　D. 15 mg/m³

20. 针对排水管道安全封堵，以下（　　）项描述是正确的。

　　A. 先封上游管口，再封下游管口

　　B. 先封下游管口，再封上游管口

　　C. 上、下游管口同时封堵

　　D. 以上描述都正确

21. GB 8958—2006《缺氧危险作业安全规程》规定，作业场所空气中的氧含量少于（　　）时，视为缺氧环境。

　　A. 16%　　　B. 18%　　　C. 19.5%　　　D. 23.5%

22. 下列说法中，（　　）项是错误的。

　　A. 下井作业人员禁止携带手机等非防爆类电子产品或打火机等火源，必须携带防爆照明、通信设备

　　B. 进入污水井等地下受限空间调查取证时，作业人员应使用普通相机拍照

　　C. 下井作业现场严禁吸烟，未经许可严禁动用明火

　　D. 当作业人员进入排水管道内作业时，井室内应设置专人呼应和监护

23. 检查井内的水泵运行时应严禁人员下井，以防止（　　）。

　　A. 中毒　　　B. 窒息　　　C. 坠落摔伤　　　D. 触电

24. 天然气的爆炸极限是（　　）。

　　A. 2%～10%　　　　　　　　B. 5%～15%

　　C. 10%～20%　　　　　　　D. 1%～5%

25. 应严格执行"先检测、后作业"的原则，其中一氧化碳含量不应高于（　　）。

　　A. 5 mg/m³　　　B. 10 mg/m³　　　C. 15 mg/m³　　　D. 20 mg/m³

26. 进入燃气管道地下受限空间作业，作业人员必须穿戴（　　）。

    A. 防水工作服装   B. 防火工作服装

    C. 一般工作服装   D. 防静电工作服装

27. 进入受限空间作业，作业人员必须使用（　　）。

    A. 防火工具   B. 防水工具   C. 防爆工具   D. 一般工具

28. 进入受限空间作业前，作业单位必须编制作业方案并对（　　）进行交底。

    A. 监护人员   B. 负责人

    C. 所有参与作业人员   D. 作业人员

29. 进行密闭设备检修作业前，应办理（　　）。

    A. 工作证   B. 检修证

    C. 作业许可证   D. 进入证

30. 进入存有残渣、填料、吸附剂、催化剂、活性炭等设备内工作，必须至少每（　　）用便携式测氧仪、测爆仪、测毒仪检测一次。

    A. 30 min   B. 45 min   C. 60 min   D. 90 min

31. 进入金属容器（炉、塔、釜、罐等）和特别潮湿、工作场地狭窄的非金属容器内作业，照明电压不得大于（　　）。

    A. 10 V   B. 12 V   C. 36 V   D. 220 V

32. 涂装作业完毕后，必须继续通风并至少保持到涂层实干后方可停止。在停止通风 10 min 后，最少每隔（　　）检测可燃性气体浓度一次，直到符合规定，方可拆除警戒区。

    A. 1 h   B. 2 h   C. 3 h   D. 4 h

33. 对船舶的货油舱、燃油舱和滑油舱的检修、拆修，以及油箱、油罐的检修，空气中可燃性气体浓度低于可燃烧极限下限或爆炸极限下限的（　　）为合格。

    A. 20%   B. 10%   C. 5%   D. 1%

第五章 受限空间防护用品及器具的选用和维护

第一节 气体检测设备的选用和维护

受限空间的气体检测是保证作业安全的重要手段之一。在作业人员进入受限空间前，应对作业场所内的气体进行检测，以判断其内部环境是否适合人员进入。在作业过程中，还应通过实时检测，及时了解气体浓度的变化，为作业中危险有害因素的评估提供数据支持。

针对受限空间的特点及安全作业要求，一般采用现场气体快速检测方法。常用的气体检测设备主要有两种，即便携式气体检测报警仪、气体检测管装置。

一、便携式气体检测报警仪

便携式气体检测报警仪能连续实时地显示被测气体的浓度，达到设定报警值时可实时报警，主要用于检测有限空间中的氧、可燃气体、硫化氢、一氧化碳等气体的浓度。

1. 组成

便携式气体检测报警仪一般由外壳、电源、采样器、气体传感器、电子线路、显示屏、报警显示器、计算机接口、必要的附件和配件几大部分组成。其中，气体传感器是便携式气体检测报警仪的核心部件，是判别一台仪器性能好坏的重要指标之一。传感器是一种将被测的物理量或化学量转换成与其有确定对应关系的电量输出的装置。

2. 工作原理

便携式气体检测报警仪的工作原理是被测气体以扩散或泵吸的方

式进入检测报警仪内，与传感器接触后发生物理、化学反应，并将产生的电压、电流、温度等信号转换成与其有确定对应关系的电量输出，经放大、转换、处理后予以显示所测气体的浓度。当浓度达到预设报警值时，仪器自动发出声光报警。图5—1为便携式气体检测报警仪的工作原理示意图。

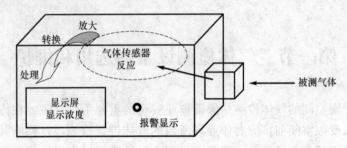

图5—1　便携式气体检测报警仪工作原理示意图

3. 分类

市场上的便携式气体检测报警仪种类繁多，以下对其分类做简单介绍。

（1）从检测气体种类上分

①可燃气体检测报警仪：一般采用催化燃烧式、红外、热导、半导体式传感器。

②有毒气体检测报警仪：一般采用电化学、金属半导体、光离子化、火焰离子化传感器。

③氧气检测报警仪：一般采用电化学传感器。

（2）从仪器上传感器的数量上分

①单一式检测报警仪：仪器上仅仅安装一个气体传感器，仅检测某种特定的气体，如甲烷（可燃气体）检测报警仪、硫化氢检测报警仪等。

②复合式检测报警仪：将多种气体传感器安装在一台检测仪器上，从而实现对多种有毒有害气体的同时检测。

（3）从获得气体样品的方式上分

①扩散式检测报警仪：仅仅通过危险有害气体的自然扩散，使气

体成分到达检测仪上的传感器而达到检测目的的仪器。

②泵吸式检测报警仪：通过使用一体化吸气泵或者外置吸气泵，将待测气体引入检测仪器中进行检测的仪器。

4. 选用原则

（1）复合式与单一式。复合式气体检测报警仪自身集成了多个传感器，实现了"一机多测"的功能，适用于复杂环境的检测，因此广泛应用于受限空间的气体检测。如安装有电化学传感器、红外式传感器、催化燃烧式传感器的五合一气体检测报警仪，可检测硫化氢、一氧化碳、氧气、二氧化碳、甲烷，可基本满足对污水井、化粪池、电力井、燃气井、使用氮气净化过的储罐等受限空间作业场所的检测工作。此外，复合式气体检测报警仪的传感器可根据用户的实际需要进行选配，选择可检测常见有毒有害气体的传感器，以提高利用率。

单一式气体检测报警仪仅安装一个气体传感器，只能检测某一种气体，适用于有毒有害气体种类相对单一的环境。如果在复杂环境中使用，那么这类仪器往往与其他单一式气体检测报警仪或二合一、三合一等复合式气体检测报警仪配合使用，作为复合式气体检测设备的一种有效的补充。如硫化氢检测报警仪与氧气/可燃气体检测报警仪配合使用对污水井进行检测。

（2）泵吸式与扩散式。泵吸式气体检测报警仪是在仪器内安装或外置采气泵，通过采气导管将远距离的气体"吸入"检测仪器中进行检测，其优点是能够使检测人员在受限空间外进行检测，最大限度地保证其生命安全。在进入受限空间前的气体检测以及在作业过程中需要进入新作业场所前的气体检测，必须使用泵吸式气体检测报警仪。使用泵吸式气体检测报警仪要注意两点：一是为将受限空间内部的气体抽至仪器内，采样泵的抽力必须足以满足仪器对流量的需求；二是在实际使用中要考虑到随着采气导管长度的增加而带来的吸附问题。

扩散式气体检测报警仪主要依靠自然空气对流将气体样品带入检测报警仪中与传感器接触发生反应，其优点是能够真实反映环境中气体的自然存在状态，缺点是无法进行远距离采样。通常情况下，采用扩散方式进行测量的仪器的检测范围仅局限于一个很小的区域，也就是在靠近检测仪器的地方。因此，此类检测报警仪适合作业人员随身携带进入受限空间，在作业过程中实时检测作业周边的气体环境。

在实际应用中，这两类气体检测报警仪往往相互配合，同时使用，最大限度地保证作业人员的生命安全。

5. 操作方法

便携式气体检测报警仪的操作过程一般来讲包括以下几个阶段：

（1）使用前检查。气体检测报警仪在被带到现场进行检测前，应对其进行必要的检查。

①开机自检。打开仪器。绝大多数仪器开机后要经过一个"自检"的过程，以保证仪器进入"准备好"状态。

②检查仪器的电量是否充足。目前很多仪器在自检的过程中会自动对电量进行检查，有些仪器在电量不足时还会作出提示。若电量不满足使用需要的话，应及时充电或更换电池。在更换电池时应注意，不能在易燃易爆环境中进行更换，防止因摩擦形成静电火花，从而引发燃爆事故。

③校准。为确保仪器的稳定性和数据测量的准确性，在使用前要对仪器进行校准。在办公室或远离作业环境等"洁净"空气中开机，进行调"零"。这里的洁净空气要求气体环境中无有毒有害、易燃易爆气体，空气中的氧含量为 20.9%。如果空气环境无法达到要求，可以选择使用空气过滤器或标准空气瓶进行调"零"。

除了调"零"之外，在使用前还应用已知浓度的标准气体对检测仪进行测试，如果检测仪显示浓度与标准气体浓度相同，读数在最小分辨率上下波动，说明仪器运行稳定，可以正常使用。如果经过测试确认仪器灵敏度下降，仪器就要重新标定。

为保证仪器的测量精度，仪器在使用过程中还应定期标定，标定周期视产品和使用环境而定。使用已知浓度的标准气体对仪器进行标定，调节仪器使得到的稳定读数与标准气体的浓度相同，然后移开标准气体，仪器显示值恢复到"零"，即完成了标定工作。

需要说明的是，当气体检测仪更换检测传感器后，除了需要一定的传感器活化时间外，还必须对仪器进行重新校准；在各类气体检测仪器使用之前，一定要用标准气体对仪器进行一次检测，以保证仪器准确有效。

　　每种检测报警仪的说明书中都详细地介绍了校正的操作步骤，使用者应认真阅读，严格按照操作说明书进行操作。

　　（2）现场检测。现场检测所使用的气体检测报警仪必须合格有效。使用泵吸式气体检测报警仪，将采气导管的一端与仪器进气口相连，另一端投入受限空间内，使气体通过采气导管进入仪器中进行检测。使用扩散式气体检测报警仪，被测气体直接通过自然扩散方式进入仪器中进行检测，被测气体与传感器接触发生相应的反应，产生电信号，并被转换成为数字信号显示，检测人员读取数值并进行记录。当气体浓度超过设定的报警值时，蜂鸣器会同时发出声光报警信号。

　　（3）关机。检测结束后，关闭仪器。需要提醒的是，可燃气体检测报警仪在关闭前要保证检测仪器内的气体全部反应掉，读数重新显示为设定的初始数值，才可关闭，否则会对下次使用产生影响。

　　目前市场上的气体检测报警仪种类繁多，在使用前要仔细阅读产品说明书，掌握仪器的技术指标、操作规程、设置方法、维护保养常识等内容，熟练操作仪器。

6. 注意事项

　　（1）定期检定。除按照厂家产品说明书上要求的校准外，使用人员应根据相关的法规及标准规范要求定期将仪器送至专业计量检验机构进行检定，以保证仪器的正常使用。如根据 JJG 693—2011《可燃气体检测报警器》规定，硫化氢气体检测仪的检定周期一般不超过 1 年。如果对仪器的检测数据有怀疑、仪器更换了主要部件及修理后应及时送检。

　　（2）注意各种不同的传感器在检测时可能受到的干扰。一般而言，每种传感器都对应一种特定的气体，但其他气体的存在可能会对传感器造成干扰是绝对特效的。因此，在选择一种气体传感器时，都应当尽可能了解其他气体对该传感器的检测干扰，以保证它对特定气体的准确检测。如一氧化碳传感器对氢气有很大的反应，所以当存在氢气时，就会对一氧化碳的测量造成困难；氧气含量不足对用催化燃烧传感器测量可燃气的浓度会有很大的影响，这也是一种干扰。因此，在测量可燃气的时候，一定要测量伴随的氧气含量。

（3）注意各类传感器的寿命。各类气体传感器都具有一定的使用年限，即寿命。一般来讲，催化燃烧式可燃气体传感器的寿命较长，一般可以使用 3 年左右；红外和光离子化检测仪的寿命为 3 年或更长一些；电化学特定气体传感器的寿命相对短一些，一般为 1～2 年；氧气传感器的寿命最短，大概在 1 年左右（电化学传感器的寿命取决于其中电解液的干涸，所以如果长时间不用，将其放在较低温度的环境中可以延长一定的使用寿命）。因此，必须在传感器的有效期内使用，一旦失效，要及时更换。

（4）警报设置。对于仪器操作者来讲，选择一个合适的警报设定是十分重要的。警报值要设定在有毒有害气体浓度的危险性不足以使工作者失去自救能力之下，因为工作人员需要足够的时间和能力逃到安全地带。如职业安全与健康标准（OSHA）确定超过可燃气体爆炸下限的 10％就存在危险，这实际上就是允许的最高浓度。

另外，作为警报设定的参考值是时间加权平均容许浓度（PC-TWA）、短时间接触的容许浓度（PC-STEL）、最高容许浓度（MAC）、最大值、最小值、平均值等。如果是设定氧气报警值，则应选择最大值和最小值。如果长时间在受限空间内工作，报警值设置为 PC-TWA 值应该是比较合理的。而对于大多数受限空间作业而言，作业时间都较短，因此报警值应设定为 MAC 值或 PC-STEL 值。

受限空间内气体浓度的变化可能会很快，也许在很短时间内就会由安全转化为危险。如在疏通污水管线过程中，污泥中的硫化氢会瞬间释放出来，引起硫化氢浓度迅速升高。因此，在设置报警值时需要考虑到以下几个因素：

①工作环境到安全场所的距离。

②引发警报时有毒有害气体浓度增加的速度。

③过度暴露的影响。

（5）注意检测仪器的浓度测量范围

表 5—1 是常见气体传感器的检测范围、分辨率、最高承受限度（ppm）。

表 5—1 常见气体传感器的检测范围、分辨率、最高承受限度

传感器	检测范围/ppm	分辨率	最高浓度/ppm
一氧化碳	0～500	1	1 500
硫化氢	0～100	1	500
二氧化硫	0～20	0.1	150
一氧化氮	0～250	1	1 000
氨气	0～50	1	200
氰化氢	0～100	1	100
氯气	0～10	0.1	30
VOC	0～5 000	0.1	—

各类有毒有害气体的检测仪都有其固定的检测范围，这也是传感器测量的线性范围。只有在其测定范围内完成测量，才能保证仪器能够准确地进行测定。在线性范围之外的检测，其准确度是无法保证的。而若长时间在测定范围以外进行检测，还可能对传感器造成永久性的破坏。如可燃气体检测仪，如果不慎在超过可燃气体爆炸下限 100％的环境中使用，就有可能彻底烧毁传感器；有毒气体检测仪若长时间工作在较高的浓度下，也会造成电解液饱和，从而造成永久性损坏。所以，一旦便携式气体检测仪器在使用时发出超限信号，要立即离开现场，以保证人员的安全。

二、气体检测管装置

1. 组成

气体检测管装置是用于测定气体浓度并给出可靠测定结果的一整套装置，包括检测管、采样器、预处理管及其他附件。

（1）气体检测管

气体检测管是一种填充涂有载体和化学指示剂（以上两者合成指示粉）的透明管子，利用指示粉在化学反应中产生的颜色变化测定气体的浓度或种类。

（2）采样器

采样器是指与检测管配套使用的手动或自动采样装置。

（3）预处理管

预处理管是用于对样品进行预处理的管子，如过滤管、氧化管、干燥管等。

（4）附件

附件是气体检测管装置中必要的组成部分，如检测管支架、采样导管、散热导管、浓度标准色阶、标尺和校正表等。

2. 工作原理

气体检测管装置主要依靠气体检测管的变色进行检测。气体检测管内填充有吸附了显色化学试剂的指示粉。当被测空气通过检测管时，有毒有害物质与指示粉迅速发生化学反应，被测物质浓度的高低，将导致指示粉产生相应的颜色变化。根据指示粉颜色的变化可以对有毒有害物质进行快速的定性和定量分析，如图 5—2 所示。

图 5—2　气体检测管工作原理示意图

3. 气体检测管的分类

气体检测管主要可以分为以下几种。

（1）比长式气体检测管：根据指示粉变色部分的长度确定被测组分的浓度值。

（2）比色式气体检测管：根据指示粉的变色色阶确定被测组分的浓度值。

（3）比容式气体检测管：根据产生一定变色长度或变色色阶的采样体积确定被测组分的浓度值。

（4）短时间型气体检测管：用于测定被测组分的瞬时浓度。

（5）长时间型气体检测管：用于测定被测组分的时间加权平均浓度。

（6）扩散型气体检测管：利用气体扩散原理采集样品的气体检测管装置。该类型装置不使用采样器。

4. 采样器的分类

采样器是与检测管配套使用的手动或自动采样装置。其可以分为以下几种。

（1）真空式采样器：采样器利用真空气体的原理，使气体首先通过检测管后再被吸入采样器中。

（2）注入式采样器：采样器采用活塞压气原理，将先吸入采样器内的气体压入检测管。

（3）囊式采样器：采样管采用压缩气囊原理，压缩具有弹簧的气囊达到压缩状态后，通过气囊性状的恢复过程，使气体首先通过检测管后再被吸入采样器中。

5. 气体检测管装置的选用

使用气体检测管装置具有以下特点：

（1）操作简便，容易掌握。

（2）检测时间短，可在几分钟之内测出工作环境中有害物质的种类或浓度。

（3）灵敏度高，最高灵敏度可达 0.001 ppm（0.01×10^{-6}）。

（4）采气量小，一般采样体积在几十毫升至几升。

（5）应用范围广，能定性/定量测定无机和有机气体。

气体检测管装置的价格较为低廉，且具有操作简单、检测物质种类多、灵敏度高等特点，但不支持实时检测，可作为便携式气体检测报警仪的一种有效的补充手段。

6. 操作方法

以比长式气体检测管配合真空采样器使用为例，介绍使用气体检测管装置进行气体检测的方法。

（1）取出检测管，将检测管的两端封口在真空采样器的前端小切割孔上折断，如图 5—3 所示。

（2）把检测管插在采样器的进气口上（检测管上的进气箭头指向采样器），

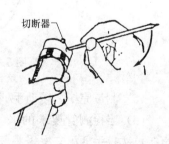

图 5—3　操作步骤（1）

如图 5—4 所示。

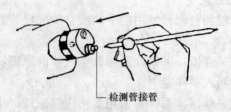

检测管接管

图 5—4　操作步骤（2）

（3）对准所测气体，转动采样器手柄，使手柄上的红点与采样器后端盖上的红线相对，如图 5—5 所示。

图 5—5　操作步骤（3）

（4）拉开手柄到所需位置（100 mL 或 50 mL，由采样器上的卡销定位），将手柄旋转 90°固定。等 2～3 min，当检测管变色的前端不再往前移动时，取下检测管，从检测管上即可读出所测气体的浓度，如图 5—6 所示。

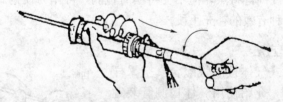

图 5—6　操作步骤（4）

（5）测量完毕，转动手柄使红点与刻线错开，将手柄推回原位。

（6）当检测管要求的采气量大于 100 mL 时，不用拔下检测管，直接再次拉手柄第二次采集气体。可用采样器后端的计数器累计采气次数。移动计数器使计数器上的数字与红线相对即可。

7. 注意事项

（1）检测管和采样器连接时，应注意检测管所表明的箭头指示方向。

（2）作业现场存在干扰气体时，应使用相应的预处理管，并注意正确的连接方法。

（3）当使用现场的温度超过规定温度范围时，应用温度校正表对测量值进行校准。

（4）对于双刻度检测管应注意刻度值的正确读法。

（5）使用检测管时要检查有效期。

（6）检测管应与相应的采样器配套使用。

（7）采样前，应对采样器的气密性进行试验。

第二节　呼吸防护用品的选用和维护

呼吸防护用品是防止缺氧和空气污染物进入呼吸道的防护用品。

一、呼吸防护方法

1. 净气法

净气法又称净化法，是使吸入的气体经过滤料去除污染物质以获得较清洁的空气供佩戴者使用。滤料的特性与污染物的成分和物理状态有关。这种呼吸防护用品不能用于缺氧环境，也不能对所有污染物起到防护作用。

2. 供气法

供气法即提供一个独立于作业环境的呼吸气源，通过空气导管、软管或佩戴者自身携带的供气（空气或氧气）装置向佩戴者输送呼吸的气体。

二、呼吸防护用品的分类

根据呼吸防护的方法对呼吸防护用品进行分类，见表5—2。

表 5—2　　　　　　　　　　　呼吸防护用品分类

过滤式			隔绝式			
自吸过滤式		送风过滤式	供气式		携气式	
半面罩	全面罩		正压式	负压式	正压式	负压式

1. 过滤式呼吸防护用品

过滤式呼吸防护用品是借助净化部件的吸附、吸收、催化或过滤等作用，将空气中的有害物质去除后供呼吸使用的呼吸防护用品。其中依靠使用者呼吸克服部件阻力的称为自吸过滤式呼吸防护用品，依靠动力（如电动风机）克服部件阻力的称为送风过滤式呼吸防护用品。

过滤式呼吸防护用品主要由过滤元件和头罩两部分组成，有些还在过滤部件与面罩之间加呼吸管连接。其面罩有半面罩和全面罩两种，半面罩仅罩住口、鼻部分，有的也包括下巴；全面罩可罩住整个面部区域，包括眼睛。过滤元件主要有防颗粒物类、防气体和蒸气类，或是防颗粒物、气体和蒸气组合类，每类元件都有各自适用的范围。

过滤式呼吸防护用品不能产生氧气，因此不能在缺氧环境中使用，而且过滤元件的容量有限，防毒滤料的防护时间会随有害物浓度的升高而缩短；而防尘滤料会因粉尘的累积而增加阻力，因此需要定期更换。

2. 隔绝式呼吸防护用品

隔绝式呼吸防护用品是将佩戴者的呼吸器官与作业环境隔绝，由携带的气源或导气管引入作业环境以外的洁净空气供佩戴者呼吸的呼吸防护用品。隔绝式呼吸防护用品分为正压式和负压式两种。正压式呼吸防护用品在佩戴者的任一呼吸循环过程中，面罩内始终保持大于环境的气压；负压式呼吸防护用品在佩戴者的呼吸循环过程中，面罩内的压力在吸气阶段均小于环境压力。

隔绝式呼吸防护用品不靠过滤材料过滤有害物，因此适用于各类空气污染物存在的环境，但受携带气源容量的限制，其使用时间有限，且使用时间与有害物质的浓度无关，而只与气源容量和使用者自身的呼吸量有关，所以使用时间比较确定，使用者自己携带气源及全套设备，自主控制，但设备较重，需要有良好的体力，此外进入狭小空间也会受到一定的限制。另外，通过长管输送洁净空气供给使用者呼吸的防护用品，在系统运行正常的情况下，使用时间不受限制，但空气管会限制使用者的活动范围，而且呼吸管有使用者无法控制意外断开的可能性。

三、呼吸防护用品的主要类型

呼吸防护用品的主要类型如图 5—7 所示。

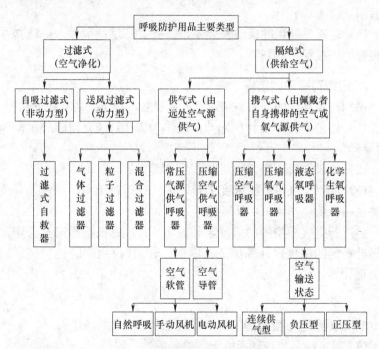

图 5—7　呼吸防护用品的主要类型

四、呼吸防护用品的选择

1. 一般原则

（1）在没有防护的情况下，任何人不应暴露在能够或可能危害健康的空气环境中。

（2）应根据国家的有关职业卫生标准对作业中的空气环境进行评价，识别有害环境的性质，判定危害程度。

（3）应首先考虑采取工程措施控制有害环境的可能性。若工程措施因各种原因无法实施，或无法完全消除有害环境，以及在工程措施未生效期间，应根据作业环境、作业状况和作业人员选择适合的呼吸防护装备。

（4）应选择国家认可的、符合标准要求的呼吸防护产品。

（5）选择呼吸防护产品时也应参照使用说明书的技术规定，符合其适用条件。

（6）若需要使用呼吸防护装备预防有害环境的危害，应建立并实施规范的呼吸保护计划。

2. 根据有害环境选择

识别有害环境的性质，判定其危害程度，判定方法有如下几种。

（1）如果有害环境性质未知，应作为 IDLH（立即威胁生命和健康）环境。

（2）如果缺氧，或无法判定是否缺氧，应作为 IDLH 环境。

（3）如果空气污染物浓度未知，达到或超过 IDLH 浓度，只要是其中之一，就应作为 IDLH 环境。

（4）若空气污染物的浓度未超过 IDLH，应根据国家有关职业卫生标准规定的浓度，计算出危害因数。若同时存在几种空气污染物，应分别计算每种空气污染物的危害因数，取其中最大的数值作为危害因数。

3. 根据危害程度选择

（1）IDLH 环境应选择以下防护装备

①配全面罩的正压携气式呼吸器。

②在配备适合的辅助逃生型呼吸防护用品的前提下，配全面罩或送气头罩的正压供气式呼吸防护用品。

注：辅助逃生型呼吸防护用品应适合 IDLH 环境性质。如，在有害环境的性质未知、未知是否缺氧的环境下，选择的辅助逃生型呼吸防护用品应为携气式，不允许使用过滤式；在不缺氧，但空气污染物浓度超过 IDLH 浓度的环境下，选择的辅助逃生型呼吸防护用品可以是携气式，也可以是过滤式，但应适合该空气污染物的种类及其浓度水平。

（2）非 IDLH 环境应选择指定防护因数（APF）大于危害因数的呼吸防护装备

各类呼吸防护用品的 APF 见表 5—3。

表 5—3 各类呼吸防护用品的 APF

呼吸防护用品类型	面罩类型	正压式	负压式
自吸过滤式	半面罩	不适用	10
	全面罩		100
送风过滤式	半面罩	50	不适用
	全面罩	>200～<1 000	
	开放型面罩	25	
	送气头罩	>200～<1 000	
供气式	半面罩	50	10
	全面罩	1 000	100
	开放型面罩	25	不适用
	送气头罩	1 000	
携气式（自给式）	半面罩	>1 000	10
	全面罩		100

4. 根据空气污染物的种类选择

（1）有毒气体和蒸气的防护：可选择隔绝式呼吸防护用品，也可选择过滤式呼吸防护用品。

若选择过滤式呼吸防护用品，应注意以下几点。

①应根据有害气体和蒸气的种类选择适用的过滤元件。对现行标准中未包括的过滤元件种类应根据呼吸防护用品的生产厂商提供的使用说明选择。

②对于没有警示性或警示性很差的有毒气体或蒸气，应优先选择有失效指示器的防护用品或隔绝式防护用品。

（2）颗粒物的防护：可选择隔绝式呼吸防护用品，也可选用过滤式呼吸防护用品。

若选择过滤式呼吸防护用品，应注意以下几点。

①对于挥发性的颗粒物存在的环境，应选择能够同时过滤颗粒物及其挥发气体的呼吸防护用品。

②应根据颗粒物的分散度选择适合的呼吸防护用品。

③若颗粒物为液态，或具有油性时，应选择能过滤油性颗粒的呼吸防护用品。

④若颗粒物具有放射性，应选择过滤效率最高等级的防尘口罩。

（3）颗粒物、毒气和蒸气同时存在时的防护：可选择隔绝式呼吸防护用品，也可选择过滤式呼吸防护用品。若选择过滤式呼吸防护用品，应选择有效过滤元件或过滤元件的组合。

5. 根据作业状况选择

（1）若空气污染物同时刺激眼睛或皮肤，或可经皮肤吸收，或对皮肤有腐蚀性，应选择全面罩，同时应考虑与其他防护用品的兼容性。

（2）若同时存在其他危害，如电焊或气割产生的强光、火花和高温辐射，打磨时存在的飞溅物等，应选择能与相应防护用品相匹配的全面罩。

（3）在爆炸性环境应选用具备防爆性能的呼吸防护用品。若使用携气式呼吸防护用品，只能选空气呼吸器，不能选氧气呼吸器。

（4）作业环境存在高温、高湿以及存在有机溶剂或腐蚀性物质时，应注意选择相应耐受性材质的呼吸防护用品，或选择能够调节温度和湿度的供气式呼吸防护用品。

（5）选择供气式呼吸防护用品时应考虑作业点设备布局、人员或机动车等流动情况，应注意气源与作业点间的距离，空气管布置方法是否有可能妨碍他人作业或被意外切断等因素。

（6）若作业强度大、作业时间长，应选择呼吸负荷较低的呼吸防护用品。

（7）若有清楚的视觉需求，应选择宽视野的面罩；若需要语言交流，应有适宜的通话功能；若还需要使用其他工具，应注意和防护用品彼此匹配。

（8）若作业中存在可以预见的紧急危险情况，应根据危险的性质选择适用的逃生型呼吸防护用品，或选择适用于 IDLH 的呼吸防护用品。

6. 根据作业人员的特点选择

（1）考虑头面部特征。密合型面罩（半面罩和全面罩）有弹性密封设计，靠施加一定的压力，使面罩与使用者的面部密合以确保将内外空气隔离。人的脸型有多种多样，一种设计不能适合所有人，理论上可能存在一定的泄漏，应将泄漏控制在可接受的水平。

（2）考虑视力矫正。视力矫正者的眼镜不能影响呼吸防护用品与面部的密合性，应选择配内置眼镜架的全面罩，并选用适合的视力矫正镜片，按照使用说明书的要求使用。

（3）考虑某些身体状况。额外的呼吸负荷会使心肺系统有某种疾患人员的病情加重，而且也有人对狭小空间和呼吸负荷存在心理恐惧，应考虑其使用呼吸防护用品的能力。

五、呼吸防护用品使用时的注意事项

使用呼吸防护用品时，应注意以下几个方面。

1. 使用前应对使用者进行培训，确保每个使用者了解所使用的呼吸防护用品的局限性，并有能力正确使用。携气式呼吸防护用品应限于受过专门培训的人员使用。

2. 使用前应检查呼吸防护用品的完整性、过滤元件的实用性、气瓶的储气量，以及提供动力的电源电量等，并要消除不符合有关规定的现象后才能使用。

3. 进入有害环境前，应先佩戴好呼吸防护用品，对供气式呼吸防护用品应先通气后再戴面罩，以防止窒息。对于密合型面罩应先做佩戴气密性检查，确认佩戴是否正确和密合。检查面罩佩戴气密性的方法是用双手掌心堵住呼吸阀体的进出气口，然后猛吸一口气，如果面罩紧贴面部，无漏气即可，否则应查找原因，调整佩戴位置直至气密。

4. 在有害环境应始终佩戴呼吸防护用品。

5. 逃生型呼吸防护用品只能用于从危险环境中离开，不能用于进入。

6. 使用前应检查供气气源的质量，气源应清洁无污染，并保证氧含量合格，供气管接头不允许与作业场所其他气体的导管接头通用。

7. 在立即威胁生命和健康浓度（IDLH）的环境中作业应尽可能

由两人同时进入，并配备安全带和救生索。在 IDLH 区域外应至少留 1 人，与进入人员保持有效联系，并应配备救生和急救设备。

8. 在低温环境下，全面罩镜片应具有防雾和防霜功能，隔绝式呼吸防护用品使用的气源应干燥，使用携气式呼吸防护用品的人员应了解低温操作注意事项。

9. 任何时候，当闻到有害物的味道或感觉有刺激性，出现呼吸困难、头晕、恶心等任何身体不适时，应立即离开污染区域检查呼吸防护用品，只有在维修并更换所有失效部件后才能继续使用。

10. 不得改装。未得到生产者的认可下，不得将不同品牌的部件拼装和组合使用。

11. 应对使用呼吸防护用品的人员定期体检，评价呼吸防护的效果及其使用呼吸防护用品的能力。

12. 应避免供气管与作业现场的其他移动物体相互干扰，不允许碾压供气管。

13. 应对使用过程进行必要的监督，以确保正确使用。

六、呼吸防护用品的维护

任何呼吸防护用品的使用寿命都是有限的，良好的维护不仅能保证使用安全，而且还可确保达到，甚至延长预期使用寿命，降低生产成本。维护通常包括检查保养、清洗消毒和储存几个环节。

产品越复杂需要的维护也越复杂，应由受过专业培训的人员对携气式呼吸防护用品做设备维护；对电动送风过滤式呼吸防护用品，电池充电环节往往是影响系统使用寿命的关键，应严格按照使用说明操作，对于其他呼吸防护用品，原则上应在每次使用后进行适当的维护。

1. 应在使用呼吸防护用品之前明确维护的责任，并对维护方法提供培训。

2. 呼吸防护用品使用后应及时处理，将呼吸器恢复到工作准备状态，需注意以下要求：

（1）使用过的净化罐必须更换吸收剂，净化罐可以不清洗，以免加快腐蚀。

（2）定期到具有相应压力容器检测资格的机构检测空气瓶或氧

气瓶。

（3）对面具、呼吸软管、头带、面罩等应根据使用说明做清洗和消毒，不应使用有机溶剂（如丙酮、油漆稀料）清洗粘有油漆的面罩和镜片，含羊毛脂或酒精的清洗液和擦拭纸巾不能用于清洗消毒，这些都能使面罩老化；不允许用水清洗过滤元件。

（4）清洗外壳，但必须严防水进入减压器。

（5）使用中发现的疑问要仔细检查，必要时及时修理。

（6）防护用品的所有部件发现破损、部件丢失或老化现象应及时更换。

（7）不允许自行重新装填滤毒罐或滤毒盒内的活性炭，这样无法保证防护功能。

（8）安装各部件时，仔细检查各接头垫圈是否存在或损坏。

（9）清洗各部件时，严防碰撞，避免损坏，造成气密不良。

3. 日常保管应注意以下几个方面。

（1）应根据使用说明书中的要求对呼吸防护用品定期检查、维护，并进行清洗和消毒，放入密封袋内储存。过滤器不允许清洗，且不应敞口存放，过滤器失效后，注意及时更换，以保证过滤的有效性。

（2）呼吸器及备件应避免日光的直接照射，以免橡胶件老化。

（3）呼吸器是与人体呼吸器官直接接触的，因此要求保持清洁，防止粉尘或其他有毒有害物质的污染。

（4）呼吸器严禁沾染油脂。

（5）呼吸器的储存温度为 5～30℃，相对湿度为 40%～80%，呼吸器离取暖设备的距离应大于 1.5 m，储存室的空气中不得有腐蚀性气体。不使用的过滤件应在密封容器内保存，防止受潮。

（6）氧气瓶的保管必须严格遵守有关规章制度，严禁沾染油脂。夏季不要放在日光曝晒的地方，离明火的距离一般不小于 10 m。氧气瓶内的氧气不能全部用完，应至少留有 0.05 MPa 的剩余压力。

4. 所有紧急情况下使用的呼吸防护用品，如抢险用的携气式呼吸防护用品和逃生器，应时刻保持待用状态放在适宜储存、便于管理、取用方便的地方，不得随意变更存放地点。

5. 应监督和检查维护作业，确保正确维护。

七、受限空间作业常用的呼吸防护用品

根据受限空间的特点，作业中通常使用的呼吸防护用品有防毒面具、长管呼吸器、正压式空气呼吸器、紧急逃生呼吸器等。

1. 防毒面具

防毒面具是一种过滤式呼吸防护用品，一般由面罩、滤毒罐、导气管、防毒面具袋等组成。其利用面罩与人面部周边形成密合，使人员的眼睛、鼻子、嘴巴和面部与周围的染毒环境隔离，同时依靠滤毒罐中吸附剂的吸附、吸收、催化作用和过滤层的过滤作用将外界染毒空气进行净化，以提供人员呼吸所用的洁净空气。

（1）防毒面具分类

防毒面具根据结构的不同分为以下两种（见图5—8）。

①导管式防毒面具：由将眼、鼻和口全遮住的全面罩、大型或中型滤毒罐和导气管组成。防护时间较长，一般由专业人员使用。

②直接式防毒面具：由全面罩或半面罩直接与小型滤毒罐或滤毒盒相连接。该种护具体积小、重量轻，便于携带，使用简便。

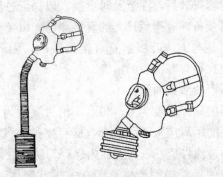

图5—8　导管式防毒面具和直接式防毒面具

（2）防护原理

①面罩的防护原理。在面罩罩体的内侧周边有密合框，它是面罩与佩戴者面部贴合的部分或部件，由橡胶材料制成。密合框的功能是将面罩内部空间与外部空间隔绝，防止有毒有害气体漏入面罩内部空间，保障防毒面具的呼吸系统正常工作，确保防毒面具的防护性能。

　　面罩的防护效果取决于面罩各个接口的气密性，即面罩装配气密性，如眼窗、通话器、过滤罐等部位接口的气密性。另外，面罩密合框与人员头面部的密合部位也可视作一个接口，这是面罩的最大接口，它的气密性问题，也是面罩在使用时最重要的佩戴气密性问题。

　　②过滤件的防护原理。过滤件依靠其内部的装填物来净化有害物。装填物由两部分组成：一是装填层，用于过滤有毒气体或蒸气；二是滤烟层，用于过滤有害气溶胶（如毒烟、毒雾、放射性灰尘和细菌等）。

　　装填层中用的是载有催化剂或化学吸附剂的活性炭（常称为浸渍活性炭或浸渍炭，或称为防毒炭或催化炭），其通过物理吸附作用、化学吸着作用和催化作用三种作用来达到防毒目的。

　　滤烟层对有害气溶胶的过滤作用取决于滤烟层的材料。气溶胶微粒通过滤烟层时会发生截留效应、惯性效应、扩散效应和静电效应，以达到过滤的效果。

　　③过滤件类型及防护对象。过滤件的防护对象及防护时间见表5—4。

　　(3) 适用条件

　　① 防毒面具是一种过滤式的呼吸防护用品，只能用于氧气含量合格的受限空间（即氧气含量在19.5％～23.5％之间）。

　　② 根据GB/T 18664—2002《呼吸防护用品的选择、使用与维护》的规定，防毒面具只能用于非 IDLH 的受限空间，并且需要根据受限空间内危害因数及防毒面具的防护因数（APF），决定使用半面罩防毒面具还是全面罩防毒面具。

　　当1<危害因数<10 时，即受限空间内有毒有害气体的浓度大于其职业卫生标准规定的浓度，且小于10 倍时，可选择半面罩式防毒面具（APF 为10）。

　　当10≤危害因数<100 时，即受限空间内有毒有害的气体浓度大于等于其职业卫生标准规定浓度的10 倍，且小于100 倍时，可选择全面罩式防毒面具（APF 为100）。

　　③面罩型号有0～4 号，0 号最小，4 号最大，号码标在面罩的下巴边沿，在选择防毒面具时要注意面罩与佩戴者面部的贴合程度。

表5—4　过滤件的防护对象及防护时间

过滤件类型	标色	防护对象举例	测试介质	4级		3级		2级		1级		穿透浓度/(mL/m³)
				测试介质浓度/(mg/L)	防护时间/min ≥	测试介质浓度/(mg/L)	防护时间/min ≥	测试介质浓度/(mg/L)	防护时间/min ≥	测试介质浓度/(mg/L)	防护时间/min ≥	
A	褐	苯、苯胺类、四氯化碳、硝基苯	苯	32.5	135	16.2	115	9.7	70	5.0	45	10
B	灰	氯化氰、氢氰酸、氯气	氢氰酸（氯化氰）	11.2 (6)	90 (80)	5.6 (3)	63 (50)	3.4 (1.1)	27 (23)	1.1 (0.6)	25 (22)	10^a
E	黄	二氧化硫	二氧化硫	26.6	30	13.3	30	8.0	23	2.7	25	5
K	绿	氨	氨	7.1	55	3.6	55	2.1	25	0.76	25	25
CO	白	一氧化碳	一氧化碳	5.8	180	5.8	100	5.8	27	5.8	20	50
Hg	红	汞	汞	—	—	0.01	4 800	0.01	3 000	0.01	2 000	0.1
H₂S	蓝	硫化氢	硫化氢	14.1	70	7.1	110	4.2	35	1.4	35	10

注：a：C_2N_2 有可能存在于干气流中，所以（C_2N_2＋HCN）总浓度不能超过 10 mL/m³。

④GB 2890—2009《呼吸防护自吸过滤式防毒面具》对过滤件的标色及防护时间做了要求（见表5—4），当受限空间中存在的有毒有害气体不止一种，且不属于一种过滤件类型时，应选择复合型的滤毒罐/盒。

（4）使用方法

①检查。使用前检查面罩是否完好，密合框是否有破损。若使用导管式防毒面具时要特别检查导管的气密性，观察是否有孔洞或裂缝。

②连接。选择合适的滤毒罐或滤毒盒，打开封口，将其与面罩上的螺口对齐并旋紧，若使用导管式防毒面具，则将面罩和滤毒罐分别与导气管的两侧相连。

③佩戴。松开面罩的带子，一手持面罩前端，另一手拉住头带，将头带往后拉罩住头顶部（要确保下巴正确位于下巴罩内），调整面罩，使其与面部达到最佳的贴合程度。若使用导管式防毒面具，将滤毒罐装入防毒面具袋内，并固定在身体上。

（5）注意事项

必须根据现场的毒气种类选择相应型号的防毒药剂，不可随意替代；防毒口罩通常只适用于毒气体积浓度不高于0.1%，空气中氧气的体积浓度不低于19.5%，环境温度在−30～40℃的环境下使用；口罩在使用前应检查各部件是否完好；佩戴口罩时必须保持端正，口罩带要分别系牢，要调整口罩使其不松动、不漏气；口罩在使用中，如果在口罩内开始嗅到有毒气体的轻微气味时，应立即离开毒气区域，更换新的滤毒药剂；更换滤毒药剂时，应按滤毒盒原药剂的型号及其安装层次更换，药剂必须装足、振实，网板必须平放，防止气体偏流，装好后拧紧盒盖，用手轻摇滤毒盒，以听不到盒内有摩擦声为准。

2. 长管呼吸器

（1）长管呼吸器的分类

长管呼吸器是使佩戴者的呼吸器官与周围空气隔绝，并通过长管输送清洁空气以供使用者呼吸的防护用品，属于隔绝式呼吸器中的一种。

根据供气方式的不同可以分为自吸式长管呼吸器、连续送风式长管呼吸器和高压送风式长管呼吸器三种。表5—5为长管呼吸器的分类及组成。

表 5—5 　　　　　　　　长管呼吸器的分类及组成

长管呼吸器种类	系统组成主要部件及次序				供气气源
自吸式长管呼吸器	密合型面罩[a]	导气管[a]	低压长管[a]	低阻过滤器[a]	大气[a]
连续送风式长管呼吸器	密合型面罩[a]	导气管[a]+流量阀[a]	低压长管[a]	过滤器[a]	风机[a] / 空压机	大气[a]
高压送风式长管呼吸器	面罩[a]	导气管[a]+供气阀[b]	中压长管[b]	高压减压器[c]	过滤器[c]	高压气源[c]
所处环境	工作现场环境			工作保障环境	

注：a 承受低压部件；b 承受中压部件；c 承受高压部件

　　①自吸式长管呼吸。自吸式长管呼吸器的结构如图 5—9 所示，由密合性面罩、导气管、背带和腰带、低压长管、空气输入口（低阻过滤器）和警示板等部分组成。其是将长管的一端固定在空气清新无污染的场所，另一端与面罩连接，依靠佩戴者自己的肺动力将清洁的空气经低压长管、导气管吸进面罩内。

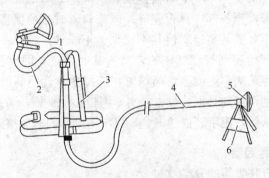

图 5—9　自吸式长管呼吸器结构示意图
1—密合面罩　2—导气管　3—背带和腰带
4—低压长管　5—空气输入口（低阻过滤器）　6—警示板

　　由于这种呼吸器要依靠自身的肺动力，因此在呼吸过程中不可能总是维持面罩内为微正压。一旦面罩内的压力下降是微负压时，很有可能造成外部受污染的空气进入面罩内。所以这种呼吸器不宜在毒物危害大的场所使用。

②连续送风式长管呼吸器。根据送风设备动力源的不同分为电动送风呼吸器和手动送风呼吸器。

电动风机送风呼吸器的结构如图5—10所示，由密合面罩、导气管、背带和腰带、空气调节袋、流量调节装置、低压长管、风量转换开关、电动送风机、过滤器和电源线等部件组成。其特点是使用时间不受限制，供气量较大，可以供1~5人使用，送风量依人数和低压长管的长度而定，在使用时应将风机放在清洁和含氧量大于19.5%的地点。表5—6为电动送风呼吸器送风量。

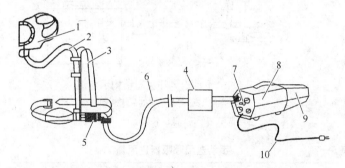

图5—10 电动送风呼吸器结构示意图

1—密合面罩 2—导气管 3—背带和腰带 4—空气调节袋 5—流量调节器
6—低压长管 7—风量转换开关 8—电动送风机 9—过滤器 10—电源线

表5—6　　　　　　　　电动送风呼吸器送风量

人数	低压长管送风量/（L·min^{-1}）			
	低压长管长度/10 m	低压长管长度/20 m	低压长管长度/30 m	低压长管长度/40 m
1	110~130	70~90	60~80	50~70
2	150~170	110~130	90~110	70~90
3	190~210	140~160	110~130	90~110
4	220~240	160~180	130~150	110~130
5	250~270	180~200	150~170	130~150

手动送风呼吸器的结构如图 5—11 所示，由密合面罩、导气管、背带和腰带、空气调节袋、低压长管和手动风机等部件组成。

手动送风呼吸器不需要电源，送风量与转数有关，由于需要人力操作，故要求作业人员有一个强壮的体魄。

面罩内由于送风形成微正压，外部的污染空气不能进入面罩内。在使用时应将手动风机置于清洁空气场所，保证供应的空气是无污染的清洁空气。表 5—7 为手动送风呼吸器的送风量。

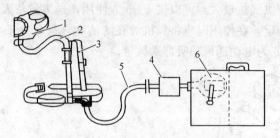

图 5—11　手动送风呼吸器结构示意图

1—密合面罩　2—导气管　3—背带和腰带
4—空气调节袋　5—低压长管　6—手动风机

表 5—7　　　　　　　　　　手动送风呼吸器送风量

手动风机转数/ （r·min⁻¹）	送风量/（L·min⁻¹）		
	低压长管长度/10m	低压长管长度/20m	低压长管长度/30m
40	65～75	55～60	45～52
50	85～100	75～80	65～70
60	105～140	90～110	95～105
70	130～150	110～130	75～85
80	150～170	125～140	112～130

③高压送风式长管呼吸器。高压送风式长管呼吸器是高压气源（如高压空气瓶）经压力调节装置把高压降为中压后，将气体通过导气管送到面罩供佩戴者呼吸的一种防护用品。

图 5—12 是高压送风式长管呼吸器的结构，该呼吸器由两个高压空气瓶作为气源，发生意外中断供气时，气源可转换成小型高压空

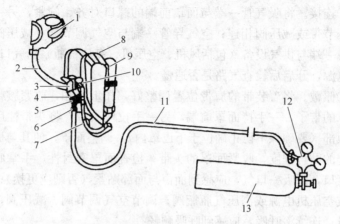

图 5—12　高压送风式长管呼吸器结构示意图
1—全面罩　2—吸气管　3—肺力阀　4—减压阀　5—单向阀　6—软管接合器
7—高压导管　8—着装带　9—小型高压空气瓶　10—压力指示计
11—空气导管　12—减压阀　13—高压空气瓶

气瓶。

（2）适用条件

①在有毒有害气体浓度超过 IDLH 值或缺氧时，必须使用长管呼吸器这类隔绝式呼吸防护用品。

②在受限空间中作业不建议使用自吸式长管呼吸器。这类呼吸器依靠佩戴者自身的肺动力，在呼吸的过程中无法保证面罩内始终维持在微正压，当面罩内的压力下降为微负压时，可造成受限空间环境中的有毒有害气体进入面罩内，以致作业人员在从事重体力劳动时会感觉呼吸不畅。

③在受限空间内进行长时间的作业时，应选择可持续供电的电动送风式长管呼吸器。

④在受限空间内进行短时间作业，或有毒有害气体浓度较高时，可选择高压送风式长管呼吸器。

（3）使用方法

①检查。使用前检查面罩是否完好，密合框是否有破损；检查导气管、长管的气密性，观察是否有孔洞或裂缝；使用高压送风式长管呼吸器时，检查气瓶压力是否满足作业需要，检查报警装置功能是否正常。

②连接。将吸气管一端与面罩前端的螺口对齐、旋紧，另一端与空气调节带或减压阀相连；空气导管一端与空气调节袋（减压阀）相连，另一端与供气设备（包括风机、空压机、高压气瓶）出气口相连；连接电源，开启后检查气路是否通畅。

③佩戴。将着装带的肩带位置调整好，扣上腰扣，收紧腰带；松开面罩的带子，一手持面罩前端，另一手拉住头带，将头带往后拉罩住头顶部（要确保下巴正确位于下巴罩内），调整面罩，使其与面部达到最佳的贴合程度，收紧面罩的头带；检查面罩密封性，手掌心捂住凹形接口，深吸一口气，应感到面窗与面部贴紧（否则应更换）；打开风机或空压机电源或高压气瓶瓶阀；调节空气调节阀、减压阀，调整供气量；连续深呼吸，应感到呼吸顺畅。

（4）注意事项

①长管必须经常检查，确保无泄漏，气密性良好。

②使用长管呼吸器必须有专人在现场安全监护，防止长管被压、被踩、被折弯、被破坏。

③长管式呼吸器的吸风口必须放置在受限空间作业环境外，必须保证有新鲜、清洁的空气。

④使用空压机作气源时，为保护作业人员的安全与健康，空压机的出口应设置空气过滤器，内装活性炭、硅胶、泡沫塑料等，以清除油水和杂质。

3. 正压式空气呼吸器

（1）正压式空气呼吸器的组成

正压式空气呼吸器又称自给开路式空气呼吸器，属于自给式呼吸器的一种。该类呼吸器将佩戴者的呼吸器官、眼睛和面部与外界染毒空气或缺氧环境完全隔绝，自带压缩空气源，呼出的气体直接排入外部。

空气呼吸器由面罩总成、供气阀总成、气瓶总成、减压器总成、背托总成五部分组成，其结构如图5—13所示。

面罩总成有大、中、小三种规格，由头罩、头颈带、吸气阀、口鼻罩、面窗、传声器、面窗密封圈、凹形接口等组成。头罩戴在头顶上；头带、颈带用以固定面罩；口鼻罩罩住佩戴者的口鼻，提高空气

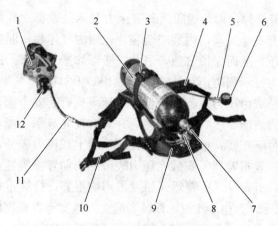

图 5—13　正压式呼吸器结构示意图
1—面罩　2—气瓶　3—带箍　4—肩带　5—报警哨　6—压力表　7—气瓶阀
8—减压器　9—背托　10—腰带组　11—快速接头　12—供气阀

利用率，减少温差引起的面窗雾气；面窗由高强度的聚碳酸酯材料注塑而成，耐磨、耐冲击，透光性好，视野大，不失真；传声器可为佩戴者提高有效声音的传递；面窗密封圈起到密封作用；凹形接口用于连接供气阀总成。

供气阀总成由节气开关、应急充泄阀、凸形接口、插板四部分组成。供气阀的凸形接口与面罩的凹形接口可直接连接，构成通气系统。节气开关外有橡皮罩保护，当佩戴者从脸上取下面罩时，为节约用气，用大拇指按住橡皮罩下的节气开关，会有"嗒"的一声，即关闭供气阀，停止供气，重新戴上面具，开始呼气时，供气阀将自动开启，供给空气。应急充泄阀是一红色旋钮，当供气阀意外发生故障时，通过手动旋钮旋动 1/2 圈，即可提供正常的空气流量。此外，应急充泄阀还可利用流出的空气直接冲刷面罩、供气阀内部的灰尘等污物，避免吸入体内。插板用于供气阀与面罩连接完好的锁定装置。

气瓶总成由气瓶和瓶阀组成。气瓶从材质上分为钢瓶和复合瓶两种：钢瓶用高强度钢制作；复合瓶是在铝合金内胆外加碳纤维和玻璃纤维等高强度纤维缠绕制成，与钢瓶比具有重量轻、耐腐蚀、安全性好和使用寿命长等优点。气瓶从容积上分 3 L、6 L 和 9 L 三种规格。钢制瓶的空气呼吸器重达 14.5 kg，而复合瓶空气呼吸器一般重 8～

9 kg。瓶阀有两种，即普通瓶阀和带压力显示及欧标手轮瓶阀。无论哪种瓶阀都有安全螺塞，内装安全膜片，瓶内气体超压时安全膜片会自动爆破泄压，从而保护气瓶，避免气瓶爆炸造成危害。欧标手轮瓶阀则带有压力显示和防止意外碰撞而关闭阀门的功能。

减压器总成由压力表、报警器、中压导气管、安全阀、手轮五部分组成。压力表能显示气瓶的压力，并具有夜光显示功能，便于在光线不足的条件下观察；报警器安装在减压器上或压力表处，安装在减压器上的为后置报警器，安装在压力表旁的为前置报警器。当气瓶压力降到 5～6 MPa 时，报警器开始发出声响报警，持续报警到气瓶压力小于 1 MPa 时为止。此时，佩戴者应立即撤离有毒有害的危险作业场所，否则会有生命危险。安全阀是当减压器出现故障时的安全排气装置。中压导气管是减压器与供气阀组成的连接气管，从减压器出来的 0.7 MPa 的空气经供气阀直接进入面罩，供佩戴者使用。手轮用于与气瓶连接。

背托总成包括背架、上肩带、下肩带、腰带和瓶箍带五部分。背架起到空气呼吸器的支架作用；上、下肩带和腰带用于整套空气呼吸器与佩戴者的紧密固定；背架上瓶箍带的卡扣用于快速锁紧气瓶。

（2）适用条件

①正压式空气呼吸器使用温度一般为 −30～60℃，且不能在水下使用。

②正压式空气呼吸器一般供气时间为 30～40 min，主要用于应急救援，不适宜作为作业过程中的呼吸防护用品。

（3）空气呼吸器的使用方法

①检查。检查气瓶压力是否满足作业需要；检查供气阀、减压阀等阀体是否正常；检查面罩是否完好，导气管是否有破损；检查报警用的声光设施是否正常。

②佩戴。背起空气呼吸器，使双臂穿在肩带中，气瓶倒置于背部；调整呼吸器上下位置，扣上腰扣，收紧腰带；松开面罩的带子，一手持面罩前端，另一手拉住头带，将头带往后拉罩住头顶部（要确保下巴正确位于下巴罩内），调整面罩，使其与面部达到最佳的贴合程度；两手抓住颈带两端往后拉，收紧颈带；两手抓住头带两端往后拉，收

紧头带；检查面罩密封性，手掌心捂住凹形接口，深吸一口气，应感到面窗与面部贴紧（否则应更换）；打开瓶阀，逆时针转动瓶阀手轮两圈；安装供气阀，使红色旋钮朝上，将供气阀与面窗对接，逆时针转动 90°。正确安装好时，可听到插板滑入卡槽的"咔嗒"声；连续深呼吸，应感到呼吸顺畅。

（4）注意事项

①使用者应经过专业培训，熟练掌握空气呼吸器的使用方法及安全注意事项。

②空气呼吸器应两人协同使用，特殊情况下 1 人使用时，应制定安全措施，确保佩戴者的安全。

③空气呼吸器的气瓶充气应严格按照《气瓶安全监察规程》的规定执行，无充气资质的单位和个人禁止私自充气，空气瓶每 3 年应送有资质的单位检验 1 次。

④当报警器起鸣时或气瓶压力低于 5.5 MPa 时，应立即撤离有毒有害危险作业场所。

⑤充泄阀的开关只能手动，不可使用工具，其阀门转动范围为1/2圈。

⑥空气呼吸器在使用中出现部分供气或完全停止供气时，应按逆时针方向打开充泄阀。打开充泄阀后，应立即撤离有毒有害的危险作业场所。

⑦平时空气呼吸器应由专人负责保管、保养、检查，未经授权的单位和个人无权拆、修空气呼吸器。

4. 紧急逃生呼吸器

当受限空间发生有毒有害气体突出，或突然性缺氧，应使用紧急逃生呼吸器迅速撤离危险环境。

（1）紧急逃生呼吸器的分类和组成

紧急逃生呼吸器主要有压缩空气逃生器、自生氧氧气逃生器等。其包括的基本部件有全面罩（口鼻罩、鼻夹和口具）、呼吸软管或压力软管、背具、过滤器件、呼吸袋、气瓶等。

（2）防护原理

①压缩空气逃生器。逃生器自带有一小型压缩气瓶，逃生器开启

后自动向面罩内提供空气。

②自生氧氧气逃生器。把储存在呼吸袋内的氧气经氧气管、吸气阀等从面罩吸入，呼气则通过呼气管进入净化罐，二氧化碳在此被吸收，氧气再返回呼吸袋中供吸气用。或通过化学药剂发生反应产生氧气，供逃生人员使用。使用的主要化学物质包括氧化钾、氧化钠、氯酸钠等。

（3）适用条件

①受限空间初始环境检测合格，作业人员可不佩戴呼吸防护用品，但为防止空间内发生有毒有害气体突出或突然性缺氧，应携带紧急逃生呼吸器进入受限空间实施作业。

②长距离作业，如作业场所纵深距离超过 80 m 或往返时间超过 40 min 时，长管呼吸器及正压式空气呼吸器均不适用。此时应在对受限空间进行充分通风，确保氧气含量合格时，携带紧急逃生呼吸器进入受限空间实施作业。

（4）使用方法

作业中一旦有毒有害气体的浓度超标，检测报警仪就会发出警示，此时应迅速打开紧急逃生呼吸器。将面罩或头套完整地遮掩住口、鼻、面部甚至头部，迅速撤离危险环境。

（5）注意事项

①紧急逃生呼吸器必须随身携带，不可随意放置。

②不同的紧急逃生呼吸器，其供气时间不同，一般在 15 ~ 40 min，作业人员应根据作业场所距受限空间出口的距离选择，若供气时间不足以安全撤离危险环境，在携带时应增加紧急逃生呼吸器数量。

第三节　防坠落用具的选用和维护

日本产业安全专家山崎竹吉从大量的实例中测量出，冲击能量为 1 300 J 时打击到人头盖骨即可致死，若从 2 m 左右的高度坠落时，冲击能量极有可能达到 1 300 J，从而造成人员伤亡。受限空间作业中经常涉及高处作业，因此，为防止作业人员在作业过程中发生坠落事故，配备防坠落用具是十分必要的。

一、防坠落用具

任何防止坠落伤害的防护用具，都不是一个独立的用具，如，安全带即是由系留点、安全绳、防止坠落装置、带体、吊绳、金属配件等系统构件等组成，其中坠落悬挂安全带是受限空间作业中常使用到的防坠落用具。防坠落用具主要包含以下几种装备：

1. 安全带

安全带是防止高处作业人员发生坠落或发生坠落后将作业人员安全悬挂的个体防护装备。按照使用条件的不同，可以分为以下3类。

（1）围杆作业安全带。通过围绕在固定构造物上的绳或带将人体绑定在固定的构造物附近，使作业人员的双手可以进行其他操作的安全带。

（2）区域限制安全带。用以限制作业人员的活动范围，避免其到达可能发生坠落区域的安全带。

（3）坠落悬挂安全带。高处作业或登高人员发生坠落时，将作业人员悬挂的安全带。

在受限空间作业时，选用最多的为全身式安全带。全身式安全带是一种可在坠落时保持坠落者正常体位，防止坠落者从安全带内滑脱，还能将冲击力平均分散到整个躯干部分，减少对坠落者下背部伤害的安全带（见图5—14）。常用的有马甲式、交叉式等。

①背部D型环：安全带上用于坠落制动的基本挂点。

②D形环延长带：与背后的D形环相连，使D形环与绳子的连接更容易，这样作业人员就可以完全确定挂钩是否完全挂好。

③肩部D形环：带有撑杆或Y形缓冲减震带；肩部小D形环，用于在受限空间内的救援或逃生。

④胸带：用于连接两个肩带，通过一个连接扣环使身体固定在安全带内。

⑤腿带：扣环式或扣眼式，用户可根据需要和偏好选择腿上的松紧程度。

图 5—14　全身式安全带解析

⑥软垫：柔软，稳固，在工作定位时有助于支撑身体下部。

⑦腰带：一体的腰带，有助于工作定位和存放工具。

⑧下骨盆带：位于臀部以下，有助于工作定位和在坠落时的分担受力。

⑨侧面 D 形环：位于侧臀部或紧挨其上部位，用于工作定位和限位。

⑩胸部 D 形环：胸前交叉安全带的 D 形环或圆环，用于爬梯或援救时的定位。

⑪向上箭头指示：箭头用于指示全身安全带连接点方向；向上箭头指全身安全带定位的方向。

⑫侧肋环：加固的带环，用于救援和降落。

2. 自锁器

自锁器是附着在刚性或柔性导轨上，可随使用者的移动沿导轨滑动，由坠落动作引发制动作用的部件，又称导向式防坠器、抓绳器等。

在攀爬时，自锁器可依据使用者速度随着使用者向上移动，一旦发生坠落可瞬时锁止，最大限度地降低坠落给人体带来的冲击力，从而保护作业人员的生命安全。自锁器携带方便，安装使用也很便利，拆卸时则需要两个以上的动作才可打开，安全可靠。

3. 速差式自控器

速差式自控器是安装在挂点上，装有可伸缩长度的绳（带、钢丝绳），串联在系带和挂点之间，在坠落发生时因速度变化引发制动作用的产品，又称速差器、收放式防坠器等。

速差式自控器按速差器安全绳材料及形式分类可分为织带速差器、纤维绳索速差器、钢丝绳速差器三类。

速差式自控器按速差器功能分类可分为带有整体救援装置和不带整体救援装置两类（见图5—15）。

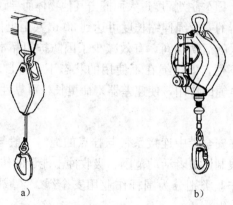

图5—15　速差式自控器的分类

a）不带整体救援装置　b）带有整体救援装置

速差器的标志由产品特征、产品性能两部分组成。

产品特征：以字母Z代表织带速差器，以字母X代表纤维绳索速差器，以字母G代表钢丝绳速差器，以字母J代表速差器带有整体救援装置；以阿拉伯数字代表安全绳最大伸展长度。

产品性能：以字母J代表基本性能，以字母G代表高温性能，以字母 D 代表低温性能，以字母 S 代表浸水性能，以字母 F 代表抗粉尘性能，以字母 Y 代表抗油污性能。

如，具备基本性能的织带速差器，安全绳最大伸展长度为 3 m，表示为"Z-J-3"；带有整体救援装置的钢丝绳速差器，同时具备高温、抗粉尘性能和抗油污性能，安全绳最大伸展长度为 10 m，表示为"GJ-GFY-10"。

与其他坠落防护用品相比，速差器具有以下特点：

（1）由于速差器的安全绳在正常使用时，是随人体上下而自由伸缩，所以可以大大减少被安全绳绊倒的危险。

（2）速差器是利用物体下坠速度差进行自控，安全绳在内部机构作用下处于半紧张状态，使操作人员无牵挂感。万一失足坠落，安全绳拉出速度明显加快时，速差器内部锁止系统即自动锁止，锁止距离小，反应速度快，能最大限度地使坠落者接近工作平台，方便救援；同时有效降低了可能由于下坠摇摆幅度过大而撞击其他物体而导致的事故。

（3）速差器的安全绳伸缩长度可达到 30 m 甚至更长，这意味着使用者将获得更大的活动空间，有效减少了因防护用品本身的长度限制给作业带来的不便，安全绳在不使用的状态下，将自动缩回壳体内，起到了保护安全绳的作用，使速差器寿命更长，可靠性更高。

4. 安全绳

安全绳是在安全带中连接系带与挂点的绳。一般与缓冲器配合使用，起扩大或限制佩戴者活动范围、吸收冲击能量的作用。

安全绳按作业类别分为围杆作业用安全绳、区域限制用安全绳、坠落悬挂用安全绳。

安全绳按材料类别分为织带式安全绳、纤维绳式安全绳、钢丝绳式安全绳、链式安全绳。

5. 缓冲器

缓冲器是串联在系带和挂点之间，当发生坠落时吸收部分冲击能量、降低冲击力的零部件（见图 5—16）。

缓冲器按自由坠落距离和制动力不同分为Ⅰ型缓冲器和Ⅱ型缓冲器，见表 5—8。

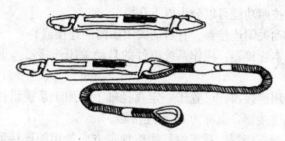

图 5—16　缓冲器

表 5—8　　　　　　　　　　缓冲器分类表

类型	自由坠落距离/m	制动力/kN
Ⅰ	≤1.8	≤4
Ⅱ	≤4	≤6

6. 连接器

连接器是指可以将两种或两种以上的元件连接在一起，具有常闭活门的环状零件。

连接器一般用于组装系统或用于将系统同挂点相连（见图 5—17）。

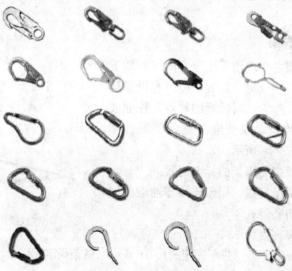

图 5—17　连接器

连接器按照功能可以分为以下几类。

（1）自动关闭连接器：有自动关闭活门的连接器。

（2）基本连接器：用作系统组件的自动关闭连接器，也称为 B 型连接器。

（3）多用连接器：可置于一定直径轴上、用于系统组件的基本连接器或螺纹连接器，也称为 M 型连接器。

（4）绳端连接器：系统中只能按预定方向使用的连接器，也称为 T 型连接器（具有一个连接环眼，用于固定安全绳）。

（5）挂点连接器：能自动关闭，与特定类型挂点直接连在一起的连接器，也称为 A 型连接器（挂点的类型为螺栓、管道、横梁等）。

（6）螺纹连接器：用于长期或永久连接，螺纹关闭时活门部分可以承担受力，也称为 Q 型连接器。

（7）旋转连接器：连接器本体同连接环眼可以相对旋转的 T 型连接器，也称为 S 型连接器（S 型连接器用于类似速差器等安全绳较长的场合）。

（8）缆用连接器：用于同索（缆）连接的 B 型连接器，也称为 K 型连接器〔K 型连接器一般可以在索（缆）上一定距离内滑动〕。

7. 三脚架

三脚架主要应用于受限空间（如地下井）需要防坠或提升装置，但没有可靠挂点的场所，作为临时设置的挂点，作业或救援时与绞盘、安全绳、安全带配合使用，如图 5—18 所示。

（1）救援三脚架的标准配置

顶部两个挂点，用于连接普通型或伸缩式速差防坠器；

图 5—18　救援用三脚架

三脚架高度为 134～214 cm（可调）；

重量：13.6 kg（带子固定式）、16.6 kg（链条固定式）；

坚固耐用，携带方便；

推荐配置：双点安全挂钩、全身式安全带；

符合 EN795《高空坠落的保护、锚、要求和检验》标准；

救援起吊装置—可伸缩式坠落制动器（可选）。

（2）救援三脚架的安装方法

安装前需对救援三脚架进行检查，确保三脚架状况良好，没有锈蚀或变形，没有零件缺失。

①拿掉三个固定销，将救援三脚架的三根腿拉伸到所需长度，再装上固定销进行固定。

②抬起救援三脚架，放开底部的三个刚性支座，直到三脚撑直，收紧底部的固定绳。

③将救援三脚架放在需要工作的孔、洞上方。

④根据需要将绞轮装在三脚架的一条腿上，请注意需根据救援三脚架腿上标示的位置安装绞轮并用固定销固定。松掉三脚架顶部的滑轮，插入安全缆绳后再装上滑轮。

使用时摇动手动绞盘的摇把即控制钢丝绳的上下从而达到救援的目的。手动配绞盘有下降自锁装置，即上升到半空时突然不摇动摇把时，荷载物或人不会向下掉，只有将摇把向相反向摇动或按下降键时钢丝绳才会向下运动。

二、坠落防护装备的选择、使用与维护

1. 坠落防护装备的选择

（1）对安全带进行外观检查，看其是否有碰伤、断裂及存在影响安全带技术性能的缺陷并检查织带、零部件等是否有异常情况。

（2）对其重要尺寸及质量进行检查。包括规格、安全绳长度、腰带宽度等。

（3）检查安全带上必须具有的标记，如制造厂名商标、生产日期、许可证编号、LA（特种劳动防护用品安全标志）标识和说明书中应有的功能标记等。

（4）检查其是否有质量保证书或检验报告，并检查其有效性，即出具报告的单位是否是法定单位，盖章是否有效（复印无效），检测有效期、抽样方式、检测结果及结论等。

（5）安全带属于特种劳动防护用品，因此应到有生产许可证的厂家或有特种防护用品定点经营证的商店购买。

（6）选择的安全带应适应特定的工作环境，并具有相应的检测报告。

（7）一定要选择适合使用者身材的安全带，这样可以避免因安全带过小或过大而给工作造成的不便和安全隐患。

2. 安全带的使用和维护

（1）安全带使用的注意事项

①使用安全带前应检查各部位是否完好无损，安全绳和系带有无撕裂、开线、霉变，金属配件是否有裂纹和腐蚀现象，弹簧弹跳性是否良好，以及其他影响安全带性能的缺陷。如发现存在影响安全带强度和使用功能的缺陷，则应立即更换。

②安全带应拴挂于牢固的构件或物体上，应防止挂点摆动或碰撞。

③使用坠落悬挂安全带时，挂点应位于工作平面上方。

④使用安全带时，安全绳与系带不能打结使用。

⑤在高处作业时，如安全带无固定挂点，应将安全带挂在刚性轨道或具有足够强度的柔性轨道上，禁止将安全带挂在移动的、带尖锐棱角的或不牢固的物件上。

⑥使用中，安全绳的护套应保持完好，若发现护套损坏或脱落，必须加上新的护套后再使用。

⑦安全绳（含未打开的缓冲器）不应超过 2 m，不应擅自将安全绳接长使用，如果需要使用 2 m 以上的安全绳应采用自锁器或速差式防坠器。

⑧使用中，不应随意拆除安全带各部件，不得私自更换零部件。

⑨使用连接器时，受力点不应在连接器的活门位置。

⑩坠落悬挂安全带应在制造商规定的期限内使用，一般不应超过 5 年，如发生坠落事故，或有影响性能的损伤，则应立即更换。

⑪超过使用期限的安全带，如有必要继续使用，则应每半年抽样检验一次，合格后方可继续使用。

⑫如安全带的使用环境特别恶劣，或使用频率格外频繁，则应相应地缩短其使用期限。

（2）安全带的穿戴

安全带的正确穿戴对于坠落防护的效果十分重要，现以全身式安全带为例，其正确穿戴步骤如图5—19所示。

1 握住安全带的背部D型环。抖动安全带，使所有的编织带回到原位

2 如果胸带、腿带/腰带被扣住的话，那么这时则需要松开编织带并解开带扣

3 把肩带套到肩膀上，让D型环处于后背两肩中间的位置

4 从两腿之间拉出腿带，扣好带扣。按同样方法扣好第二根腿带。如果有腰带的话要先扣好腿带再扣腰带

5 扣好胸带并将其固定在胸部中间的位置。拉紧肩带，将多余的肩带穿过带夹来防止松脱

6 都扣好以后，收紧所有带子，让安全带尽量贴紧身体，但又不会影响活动。将多余的带子穿到带夹中防止松脱

图5—19　全身式安全带正确穿戴步骤

（3）选择挂点时应考虑的因素

①挂点的强度。挂点的强度至少应承受22 kN（大约2 T）的力，一般情况下，搭建合适的脚手架、建筑物预埋的金属挂点、金属材质的电力及通信塔架均可作为挂点，但水管、窗框等则不适合作为挂点，如果不能确定挂点的强度应请工程人员进行核实和测试。

②挂点的位置。挂点应尽量在作业点的正上方，如果不行，最大摆动幅度不应大于45°，而且应确保在摆动情况下不会碰到侧面的障碍物（见图5—20），以免造成伤害；挂点的高度应能避免作业人员坠落后不触及其他障碍物，以免造成二次伤害；如使用的是水平柔性导轨，

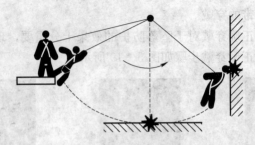

图 5—20 挂点位置

则在确定安全空间的大小时应充分考虑发生坠落时导轨的变形。

（4）安全带的维护与保管。安全带只需用清水冲洗和中性洗涤剂洗涤即可，洗后挂在阴凉通风处晾干；如果安全带沾有污渍应予以及时清理，避免安全隐患；安全带不使用时，应由专人保管。存放时，不应接触高温、明火、强酸、强碱或尖锐物体，不应存放在潮湿的地方；应对安全带定期进行外观检查，发现异常必须立即更换，检查频次应根据安全带的使用频率确定。

3. 三脚架的使用和维护

（1）三脚架的安装与使用

①取出三脚架，解开捆扎带，并直立放置。

②移动三脚架至需施救的井口上（底脚平面着地），将三支柱适当分开角度，底脚防滑平面着地，用定位链穿过三个底脚的穿孔。调整长度适当后，拉紧并相互勾挂在一起，防止三支柱向外滑移。必要时，可用钢钎穿过底脚插孔，砸入地下定位底脚。

③拔下内外柱固定插销，分别将内柱从外柱内拉出。根据需要选择拔出长度后，将内外柱插销孔对正，插入插销，并用卡簧插入插销卡簧孔止退。

④将防坠制动器从支柱内侧卡在三脚架任一个内柱上（面对制动器的支柱，制动器摇把在支柱右侧），并使定位孔与内柱上的定位孔对正，将安装架上配备的插销插入孔内固定。

⑤逆时针摇动绞盘手柄，同时拉出绞盘绞绳，并将绞绳上的定滑轮挂于架头上的吊耳上（正对着固定绞盘支柱的一个）。

此外，在使用前，要对设备各组成部分（速差器、绞盘、安全绳）的外观进行目测检查，检查连接挂钩和锁紧螺钉的状况、速差器的制动功能。检查必须由该设备的使用人员进行，一旦发现有缺陷，就不要使用该设备。

（2）使用注意事项

①使用前必须检查三脚架的安装是否稳定牢固，保证定位链的限位有效，绞盘安装正确。

②在负载情况下停止升降时，操作者必须握住摇把手柄，不得松手。

③无负载放长绞绳时，必须一人逆时针摇动手柄，一人抽拉绞绳；不放长绞绳时，请勿随意逆时针转动手柄。

④使用中绞绳松弛时，绝不允许绞绳折成死结。

⑤卷回绞绳时，尤其在绞绳放出较长时，应适当加载，并尽量使绞绳在卷筒上排列有序，以免再次使用受力时绞绳相互挤压受损。

⑥必须经常检查设备，保证各零件齐全有效，无松脱、老化、异响；绞绳无断股、死结情况；若发现异常，必须及时检修排除。

（3）维护和保养

三脚架在使用后，要存放在干燥、通风、室温和远离阳光的地方。如果在作业中沾染上了污物，应用温水和家用肥皂进行清洗，不推荐使用含酸或碱性的溶剂。清洗后必须风干，而且要远离火源和热源。

第四节　其他防护用品的选用和维护

一、安全帽

安全帽是防冲击时主要使用的防护用品，主要用来避免或减轻在作业场所发生的高空坠落物、飞溅物体等意外撞击对作业人员头部造成的伤害。安全帽由帽壳、帽衬和下颏带、附件等部分组成，结构如图5—21所示。

国外生物实验证明，人体颈椎骨和成人头盖骨在承受小于 4 900 N 的冲击力时，不会危及生命，超过此限值，颈椎就会受到伤害，轻者引起瘫痪，重者危及生命。安全帽要起到安全防护的作用，必须能吸收冲击过程的大部分能量，才能使最终作用在人体上的冲击力小于 4 900 N。安全帽的帽壳与帽衬之间有 25～50 mm 的间隙，当物体打击安全帽时，帽壳不因受力变形而直接影响头顶部，且通过帽衬缓冲减少的力可达 2/3 以上，起到缓冲减震的作用。

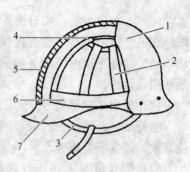

图 5—21　安全帽结构示意图
1—帽体　2—帽衬分散条　3—系带
4—帽衬顶带　5—吸收冲击内衬
6—帽衬环形带　7—帽檐

1. 安全帽选择的注意事项

（1）应使用质检部门检验合格的产品。

（2）根据安全帽的性能、尺寸、使用环境等条件，选择适宜的品种。如在易燃易爆环境中作业应选择有抗静电性能的安全帽；在作业场所十分狭窄，障碍物偏多时，应选择小帽沿式安全帽；在光线相对较暗时，应选择颜色明亮的安全帽。

2. 安全帽使用及保养的注意事项

（1）佩戴前，应检查安全帽各配件有无破损、装配是否牢固、帽衬调节部分是否卡紧、插口是否牢靠、绳带是否系紧等。若帽衬与帽壳之间的距离不在 25～50 mm 之间，应用顶绳调节到规定的范围，确保各部件完好后方可使用。

（2）根据使用者头部的大小，将帽箍长度调节到适宜位置（松紧适度）。高处作业人员佩戴的安全帽，要有下颏带和后颈箍并应拴牢，以防帽子滑落与脱掉。

（3）安全帽在使用时受到较大冲击后，无论是否发现帽壳有明显的断裂纹或变形，都应停止使用，更换受损的安全帽，一般安全帽的使用期限不超过 3 年。

（4）安全帽不应存放在有酸碱、高温（50℃以上）、阳光直射、潮湿等环境，并应避免重物挤压或尖物碰刺。

（5）帽壳与帽衬可用冷水、温水（低于50℃）洗涤。不可放在暖气片上烘烤，以防帽壳变形。

二、防护服

防护服是替代或穿在个人衣服外，用于防止一种或多种危害的衣服，是安全作业的重要防护部分，是用于隔离人体与外部环境的一个屏蔽。根据外部有害物质性质的不同，防护服的防护性能、材料、结构等也会有所不同。我国防护服按用途分为一般作业工作服，用棉布或化纤织物制作，适用于没有特殊要求的一般作业场所使用；特殊作业工作服，包括隔热服、防辐射服、防寒服、防酸服、抗油拒水服、防化学污染服、防X射线服、防微波服、中子辐射防护服、紫外线防护服、屏蔽服、防静电服、阻燃服、焊接服、防砸服、防尘服、防水服、医用防护服、高可视性警示服、消防服等。

1. 防护服选用的注意事项

（1）必须选用符合国家标准，并具有产品合格证的防护服。

（2）根据受限空间内的危险有害因素进行选择。如在有硫化氢、氨气等强刺激性气体的作业环境中作业时，应穿着防毒服；在易燃易爆场所作业时，不准穿化纤防护服，应穿着防静电防护服等。表5—9列举了几种受限空间作业常见的作业环境及选择的防护服种类。

表5—9 受限空间作业常见的作业环境及选择的防护服种类

作业类别		可以使用的防护用品	建议使用的防护用品
编号	环境类型		
1	存在易燃易爆气体/蒸气或可燃性粉尘	化学品防护服 阻燃防护服 防静电服 棉布工作服	防尘服 阻燃防护服
2	存在有毒气体/蒸气	化学防护服	

作业类别		可以使用的防护用品	建议使用的防护用品
编号	环境类型		
3	存在一般污物	一般防护服 化学品防护服	防油服
4	存在腐蚀性物质	防酸（碱）服	
5	涉水	防水服	

2. 防护服使用、保养的注意事项

（1）化学品防护服

①使用前应检查化学品防护服的完整性及与其配套装备的匹配性，在确认完好后方可使用。

②进入化学污染环境前，应先穿好化学品防护服；在污染环境中的作业人员，不得脱卸化学品防护服及装备。

③化学品防护服被化学物质持续污染时，应在规定的防护性能（标准透过时间）内更换。有限次使用的化学品防护服已被污染时应弃用。

④脱除化学品防护服时，应使内面翻外，以减少污染物的扩散，且应最后脱除呼吸防护用品。

⑤由于许多抗油拒水防护服及化学品防护服的面料采用的是后整理技术，即在表面加入了整理剂，一般须经高温才能发挥作用，因此在穿用这类服装时要根据制造商提供的说明书经高温处理后再穿用。

⑥穿用化学品防护服时应避免接触锐器，防止受到机械损伤。

⑦严格按照产品使用与维护说明书的要求进行维护，修理后的化学品防护服应满足相关标准的技术性能要求。

⑧受污染的化学品防护服应及时洗消，以免影响化学品防护服的防护性能。

⑨化学品防护服应存放在避光、通风、温度适宜的环境中，应与化学物质隔离储存。

⑩已使用过的化学品防护服应与未使用的化学品防护服分别储存。

（2）防静电工作服

①凡是在正常情况下，爆炸性气体混合物连续地、在短时间内频繁地出现或长时间存在的场所及爆炸性气体混合物有可能出现的场所，可燃物的最小点燃能量在 0.25 mJ 以下时，应穿防静电服。

②由于摩擦会产生静电，因此在火灾爆炸危险场所禁止穿、脱防静电服。

③为了防止尖端放电，在火灾爆炸危险场所禁止在防静电服上附加或佩带任何金属物件。

④对于导电型的防护服，为了保持良好的电气连接性，外层服装应完全遮盖住内层服装。分体式上衣应足以盖住裤腰，弯腰时不应露出裤腰，同时应保证服装与接地体的良好连接。

⑤在火灾爆炸危险场所穿用防静电服时必须与《防静电鞋、导电鞋技术要求》（GB 4385）中规定的防静电鞋配套穿用。

⑥防静电服应保持清洁，保持防静电性能，使用后用软毛刷、软布蘸中性洗涤剂刷洗，不可损伤服装材料纤维。

⑦穿用一段时间后，应对防静电服进行检验，若防静电性能不能符合标准要求，则不能再作为防静电服使用。

（3）防水服

①防水服的用料主要是橡胶，使用时应严禁接触各种油类（包括机油、汽油等）、有机溶剂、酸、碱等物质。

②洗后不可暴晒、火烤，应于阴凉通风处晾干。

③防水服要存放在干燥、通风环境中，要远离热源，存放时应尽量避免折叠、挤压，如需折叠，应撒滑石粉，避免黏合。

④使用中应避免与尖锐物体接触，以免影响防水效果。

三、防护手套

手是完成工作的人体技能的部位，在作业过程中接触到的机械设备、腐蚀性和毒害性的化学物质，可能会对手部造成伤害。为防止作业人员的手部受到伤害，在作业过程中应佩戴合格有效的手部防护用品——防护用套。防护手套的种类有绝缘手套、耐酸碱手套、焊工手套、橡胶耐油手套、防水手套、防毒手套、防机械伤害手套、防静电手套、防振手套、防寒手套、耐火阻燃手套、电热手套、防切割手套等。

受限空间常使用的是耐酸碱手套、绝缘手套及防静电手套。

使用、保养防护手套的过程中要注意以下几点：

（1）根据作业环境的需要选择合适的防护手套，并定期更换。

（2）使用前要进行检查，看其有无破损、是否被磨蚀。对于防化手套可以使用充气法进行检查，即向手套内充气，用手捏紧套口，用力压手套，观察是否漏气，若漏气则不能使用；对于绝缘手套应检查电绝缘性，不符合规定的不能使用。

（3）摘取手套一定要注意正确的方法，防止将手套上沾染的有害物质接触到皮肤和衣服上，造成二次污染。

（4）橡胶、塑料等防护手套用后应冲洗干净、晾干，保存时要避免高温，并在手套上撒上滑石粉以防粘连。

（5）带电绝缘手套要用低浓度的中性洗涤剂清洗。

（6）橡胶绝缘手套必须保存在较暗的阴凉场所，不能接触阳光、湿气、臭氧、热气、灰尘、油、药品等。

四、防护鞋

为防止作业人员的足部受到物体的砸伤、刺割、灼烫、冻伤、化学性酸碱灼伤及触电等伤害，作业人员应穿着有针对性的防护鞋（靴）。防护鞋（靴）主要有防刺穿鞋、防砸鞋、电绝缘鞋、防静电鞋、导电鞋、耐化学品的工业用橡胶靴、耐化学品的工业用塑料模压靴、耐油防护鞋、耐寒防护鞋、耐热防护鞋等。

受限空间作业中应根据作业环境的需要进行选择，如在有酸、碱等腐蚀性物质的环境中作业需穿着耐酸碱的橡胶靴；在有易燃易爆气体的环境中作业需穿着防静电鞋等。

使用及保养防护鞋时应注意以下几点。

（1）使用前要检查防护鞋是否完好，检查鞋底、鞋帮处有无开裂，出现破损后不得再使用。对于绝缘鞋应检查电绝缘性，不符合规定的不能使用。

（2）对非化学防护鞋，在使用中应避免接触到腐蚀性化学物质，一旦接触后应及时清除。

（3）防护鞋应定期进行更换。

（4）使用后应清洁干净，并放置于通风干燥处，避免阳光直射、雨淋及受潮，不得与酸、碱、油及腐蚀性物质存放在一起。

五、防护眼镜

防护眼镜是防止化学飞溅物、有毒气体和烟雾、金属飞屑、电磁辐射、激光等对眼睛伤害的防护用品。防护眼镜有安全护目镜和遮光护目镜两种。安全护目镜主要防止有害物质对眼睛的伤害，如防冲击眼镜、防化学眼镜等；遮光护目镜主要防止有害辐射线对眼睛的伤害，如焊接护目镜等。

在受限空间内进行冲刷和修补、切割等作业时，沙粒或金属碎屑等异物进入眼内或冲击面部，可能引起眼部或面部的伤害；焊接作业时的焊接弧光，可能引起眼部的伤害；清洗反应釜等作业时，其中的酸碱液体、腐蚀性烟雾进入眼中或冲击到面部皮肤，可能引起角膜或面部皮肤的烧伤。因此，为防止有毒刺激性气体、化学性液体对眼睛的伤害，需佩戴封闭性护目镜或安全防护面罩。

第五节　安全器具的选用和维护

一、通风设备

受限空间的作业情况比较复杂，一般要求在危险有害气体浓度检测合格的情况下才能进行作业。但由于危险有害物质可能吸附在清理物中，在搅拌、翻动中被解析释放出来，如污水井中翻动污泥时有大量硫化氢释放；进行作业过程中产生危险有害物质，如涂刷油漆、电焊等自身就会散发出危险有害物质。因此在受限空间作业中，应使作业场所空气始终处于良好的状态，必要时应配备通风机对作业场所进行通风换气。对可能存在易燃易爆物质的作业场所，所使用的通风机应采用防爆风机（见图5—22），以保证安全。

选择风机时必须确保能够提供作业场所所需的气流量，这个气流

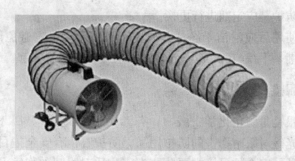

图 5—22   防爆风机

必须能够克服整个系统的阻力，包括通过抽风罩、支管、弯管及连接处的压损。通常过长的风管、风管内部表面粗糙、弯管等都会增大气体流动的阻力，因此对风机风量的要求就会更高。

另外，风机应该放置在洁净的气体环境中，以防止腐蚀性气体或蒸气，或者任何会造成磨损的粉尘对风机造成损害。而且风机还应尽量远离受限空间的出入口。

目前没有一个统一的关于换气次数的标准，但可以参考一般工业上普遍接受的每 3 min 换气一次（20 次/h）的换气率，作为能够提供有效通风的标准。

二、照明设备

受限空间的作业环境常常是在容器、管道、井坑等光线黑暗的场所，因此应携带照明灯具才能进入作业。这些场所潮湿且可能存在易燃易爆物质，所以照明灯具的安全性显得十分重要。按照有关规定在这些场所使用的照明灯具应用 36 V 以下的安全电压；在潮湿的金属容器、狭小空间内作业应用 12 V 的安全电压；在有可能存在易燃易爆物质的作业场所，还必须配备达到防爆等级的照明器具，如防爆手电筒、防爆照明灯（见图 5—23）等。

三、通信设备

在受限空间作业中，有时监护人员与作业人员往往因距离或转角而无法直接面对，监护人员无法了解和掌握作业人员情况，因此必须配备必要的通信器材，与作业者保持定时联系。考虑到受限空间可能具有易燃易爆物质的特性，所以，所配置的通信器材也应该选用防爆型的，如防爆电话、防爆对讲机（见图5—24）等。

图5—23　便携式防爆工作灯　　　图5—24　防爆对讲机

四、安全梯

安全梯是用于作业人员上下地下井、坑、管道、容器等的通行器具，也是事故状态下逃生的通行器具。根据作业场所的具体情况，应配备相适应的安全梯。受限空间作业中一般使用直梯、折梯或软梯。安全梯从制作材质上分为竹制的、木制的、金属制的和绳木混合制的；从梯子的形式上分为移动直梯、移动折梯、移动软梯（见图5—25至图5—27）。使用安全梯时应注意以下几点：

1. 使用前必须对梯子进行安全检查。首先检查竹、木、绳、金属类梯子的材质是否有发霉、虫蛀、腐烂、腐蚀等情况；其次检查梯子是否有损坏、缺档、磨损等情况，对不符合安全要求的梯子应停止使用；有缺陷的应修复后使用。对于折梯，还应检查连接件，铰链和撑杆（固定梯子工作角度的装置）是否完好，如不完好应修复后使用。

2. 使用时，应对梯子加以固定，避免接触油、蜡等易打滑的材料，防止滑倒；也可设专人扶挡。

3. 在梯子上作业时，应设专人安全监护。梯子上有人作业时不准移动梯子。

4. 除非专门设计为多人使用，否则梯子上只允许1人在上面作业。

5. 折梯的上部第二踏板为最高安全站立高度，应涂红色标志。梯子上第一踏板不得站立或超越。

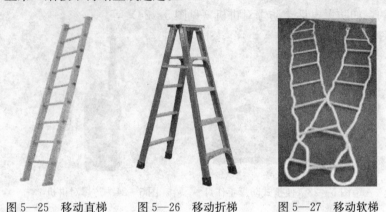

图 5—25　移动直梯　　　图 5—26　移动折梯　　　图 5—27　移动软梯

习题五

一、判断题

1. 标色为蓝色的过滤件可防护硫化氢气体，穿透浓度为 10 mL/m^3。（　　）

2. 当受限空间中存在的有毒有害气体不止一种，且不属于一种过滤件类型时，应选择防护毒性最大气体的滤毒罐/盒。（　　）

3. 防毒口罩通常只是用于毒气梯级浓度不高于 0.2%，空气中氧气体积浓度不低于 18%，环境温度 $-30\sim40℃$ 的环境下使用。（　　）

4. 在有毒气体浓度超过 IDLH 值，或缺氧时，必须使用长管呼吸器这类隔绝式呼吸防护用品。（　　）

5. 正压式空气呼吸器使用温度一般在 $-30\sim60℃$，且不能在水下使用。（　　）

6. 空气呼吸器的气瓶每 5 年应送有资质的单位检验 1 次。（　　）

7. 当报警器起鸣时或气瓶压力低于 5.5 MPa 时，应立即撤离有毒有害危险作业场所。（　　）

8. 安全带属特种劳动防护用品，因此应到有生产许可证厂家或有特种防护用品定点经营证的商店购买。（　　）

9. 一般情况下，搭建合适的脚手架、建筑物预埋的金属挂点、金属材质的电力、通信塔架以及水管、窗框等均可作为挂点。（　　）

10. 安全帽在使用时受到较大冲击后，若帽壳没有明显的断裂纹或变形，则可继续使用。（　　）

11. 高处作业人员佩戴的安全帽，要有下颏带和后颈箍并应拴牢，以防帽子滑落与脱掉。（　　）

12. 由于摩擦会产生静电，因此在火灾爆炸危险场所禁止穿、脱防静电服。（　　）

13. 应在进入化学污染环境前穿好化学品防护服，并不得在污染环境中脱卸化学品防护服及装备。（　　）

14. 在潮湿的金属容器、狭小空间内作业应用 46 V 安全电压。（　　）

15. 便携式气体检测报警仪按传感器数量分可分为单一式和复合式。（　　）

16. 便携式气体检测报警仪按采样方式分可分为泵吸式和扩散式。（　　）

17. 使用气体检测设备时无须考虑不同气体产生的干扰问题。（　　）

18. 气体检测报警仪应定期送至专业计量机构进行检定。（　　）

19. 气体检测报警仪使用时，带入到仪器和传感器的杂质不会对以后使用产生影响。（　　）

20. 气体检测报警仪的核心设备是传感器。（　　）

21. 泵吸式气体检测报警仪适用于复杂环境中的气体检测。（　　）

22. 气体检测报警仪经计量部门检定后，使用过程中不需要再校准。（　　）

23. 气体检测报警仪应在洁净环境中开机调"零"。（　　）

24. 作业中发现气体检测报警仪没电后，可不考虑作业环境，随时更换电池。（　　）

25. 气体检测报警仪长期在测量的线性范围外检测对仪器影响很小。（　　）

26. 气体检测管装置只能定性不能定量。（　　　）

27. 在没有防护的情况下，任何人不应暴露在能够或可能危害健康的空气环境中。（　　　）

28. 选择呼吸防护用品时，防护用品的指定防护因数应大于作业环境的危害因数。（　　　）

29. 使用前应对使用者进行培训，确保每个使用者了解所使用的呼吸防护用品的局限性，并有能力正确使用。（　　　）

30. 使用前应检查呼吸防护用品的完整性、过滤元件的实用性、气瓶的储气量，提供动力的电源电量等，消除不符合有关规定的现象后才能使用。（　　　）

31. 呼吸防护用品可根据需要自行改装。（　　　）

32. 使用者可以自行重新装填滤毒罐或滤毒盒内的活性炭。（　　　）

二、单选题

1. 下列（　　　）不是按照供气原理和供气方式进行分类的。

　　A. 自吸式　　B. 自给式　　C. 过滤式　　D. 防尘式

2. 使用长管呼吸器前必须进行检查，以下检查项错误的是（　　　）。

　　A. 使用前检查面罩是否完好，密合框是否有破损

　　B. 检查导气管、长管的气密性，观察是否有空洞或裂缝

　　C. 使用高压送风式长管呼吸器时，检查气瓶压力是否满足作业需要以及检查报警装置

　　D. 滤毒罐外观无破损

3. 以下防毒面具的选择原则错误的是（　　　）。

　　A. 防毒面具只可用于氧气含量合格的受限空间

　　B. 防毒面具可用于 IDLH 环境的受限空间

　　C. 选择防毒面具时要注意面罩与佩戴者面部的贴合程度

　　D. 当受限空间中存在的有毒有害气体不止一种，且不属于一种过滤件类型时，应选择防护毒性最大气体的滤毒罐/盒

4. 以下对防毒面具内部装填的活性炭的滤毒原理描述错误的是（　　　）。

　　A. 物理吸附作用　　　　　　B. 化学吸着作用

C. 催化作用　　　　　　D. 静电效应

5. 对安全带使用注意事项描述错误的是（　　）。

A. 挂点应位于工作平面上方

B. 使用 2 m 以上的安全绳应采用自锁器或速差式防坠器

C. 检查安全带各部位是否完好无损

D. 只要安全带无破损就可一直使用

6. 安全带挂点的选择最大摆动幅度不应大于（　　），而且应确保在摆动情况下不会碰到侧面的障碍物。

A. 10°　　　B. 30°　　　C. 45°　　　D. 60°

7. 对受限空间进行通风换气时，风机应该安装在气体洁净设备的（　　）。

A. 上端　　　B. 下端　　　C. 左侧　　　D. 右侧

8. 在梯子上只允许（　　）人工作。

A. 1　　　　B. 2　　　　C. 3　　　　D. 4

9. 受限空间内有爆炸性气体混合物连续地、短时间频繁地出现或长时间存在，或爆炸性气体混合物有可能出现的场所，可燃物的最小点燃能量在（　　）以下时，应穿防静电服。

A. 0.10 mJ　B. 0.15 mJ　C. 0.20 mJ　D. 0.25 mJ

10. 以下安全帽使用及保养注意事项中错误的是（　　）。

A. 佩戴前，应检查安全帽各配件有无破损，装配是否牢固，帽衬调节部分是否卡紧、插口是否牢靠、绳带是否系紧

B. 安全帽在使用时受到较大冲击后，应立即更换受损的安全帽

C. 安全帽清洗后应放在暖气片上烘干

D. 安全帽应避免重物挤压或尖物碰刺

11. 在受限空间外进行气体检测应选择（　　）气体检测报警仪。

A. 泵吸式　　B. 扩散式　　C. 两者均可　　D. 两者均不可

12. 对地下室进行涂刷防水涂料的作业时，应佩戴可测量（　　）的检测报警仪。

A. 氧气　　　　　　　　B. 氧气和可燃气体

C. 可燃气体　　　　　　D. 氧气和有毒气体

13. 气体传感器一般的寿命为（　　）。

　　A. 半年　　　B. 1~3 年　　C. 4~6 年　　D. 6 年以上

14. 气体检测报警仪每（　　）需经检测检验机构进行检验，合格后方可使用。

　　A. 半年　　　　B. 1 年　　　　C. 2 年　　　　D. 3 年

15. 使用可燃气体检测报警仪进行检测分析时，被测气体或蒸汽浓度应小于被测气体爆炸下限（LEL）的（　　）为合格。

　　A. 10%　　　B. 20%　　　C. 30%　　　D. 40%

16. 每次使用检测报警仪前，必须对其进行（　　）操作。

　　A. 调高限　　B. 调低限　　C. 调零　　　D. 以上均不正确

17. 下列选项中不是按气体检测种类对气体检测报警仪进行分类的是（　　）。

　　A. 氧气检测报警仪　　　　B. 有毒气体检测报警仪

　　C. 可燃气体检测报警仪　　D. 四合一检测报警仪

18. 受限空间内（　　）的浓度对可燃气体检测报警仪的正常使用有较大影响。

　　A. H_2　　　B. O_2　　　C. CO　　　　D. H_2S

19. 气体检测报警仪更换传感器后应先（　　）。

　　A. 活化　　　B. 校准　　　C. 调零　　　D. 使用

20. 送风式长管呼吸器的指定防护因数为（　　）。

　　A. 10　　　　B. 100　　　C. 1 000　　　D. >1 000

第六章　事故应急救援

进行受限空间作业时，由于作业环境比较狭窄，通风条件差，有毒有害气体容易积聚，易发生急性中毒、缺氧窒息、坠落时外伤等事故。拥有一支良好的应急救援队伍是进行受限空间作业一个非常重要的部分，它可以在发生突发事件时进行及时有效的救援，将事故危害程度降到最低。

统计显示，进行受限空间作业致死的人员中 60% 以上为救援人员，其主要原因有：由于事发紧急，营救人员易出现情绪紧张以致失误；冒险、侥幸等不安全心理因素作用；不了解该受限空间的危害；事先未拟订或掌握有针对性的应急计划；缺乏受限空间作业事故应急救援培训。

因此，受限空间作业场所的生产经营、管理或施工作业单位应制定受限空间作业事故应急救援预案，明确救援人员及职责，落实救援设备器材，掌握事故处置程序，提高对突发事件的应急处置能力。预案每年至少进行一次演练，并不断修改完善。这样可以将突发事件的危害降至最低程度并有效防止救援时造成人员伤害。

第一节　应急救援基本常识

一、应急救援的原则

发生受限空间事故后应立即拨打 119 和 120，以尽快得到消防队员和急救专业人员的救助。如消防和急救人员不能及时到达事故现场进行救援时，尽可能施行非进入救援；救援人员未经批准，不得进入受限空间进行救援。

以下情况采取最高级别防护措施后方可进入救援：

1. 受限空间内有害环境性质未知。

2. 缺氧或无法确定是否缺氧。

3. 空气污染物浓度未知、达到或超过 IDLH 浓度。

根据受限空间的类型和可能遇到的危害，决定需要采用的应急救援方案。

二、应急救援基本知识

从受限空间的定义可以知道，受限空间狭窄有限，可能导致救援困难，因此，必须有书面的受限空间救援程序对可能发生的救援行动明确相关的要求。

拥有一支良好的应急救援队伍是受限空间作业一个非常重要的部分，但应急救援队伍与应急救援程序不能代替前述的安全措施。因为控制受限空间事故关键在于预防，要尽量避免发生紧急意外情况，救援行动属于事后补救，意外已经发生，即使进行应急救援，仍可能无法避免伤害的发生。

1. 事故应急救援的基本任务

事故应急救援的总目标是通过有效的应急救援行动，尽可能降低事故的后果，包括人员伤亡、财产损失和环境破坏等。事故应急救援的基本任务包括下述几个方面：

（1）立即组织营救受害人员，组织撤离或者采取其他措施保护危害区域内的其他人员。

（2）迅速控制事态，并对事故造成的危害进行检测、监测，测定事故的危害区域、危害性质及危害程度。及时控制住造成事故的危险源是应急救援工作的重要任务。

（3）消除危害后果，做好现场恢复。

（4）查清事故原因，评估危害程度。

2. 事故应急救援的特点

应急工作涉及技术事故、自然灾害（引发）、城市生命线、重大工程、公共活动场所、公共交通、公共卫生和人为突发事件等多个公共安全领域,构成一个复杂的系统,具有不确定性、突发性、复杂性和后果、影响易猝变、激化、放大的特点。

3. 事故应急救援的相关法律法规要求

近年来,我国政府相继颁布的一系列法律法规,如《安全生产法》《危险化学品安全管理条例》《关于特大安全事故行政责任追究的规定》《特种设备安全法》等,对危险化学品、特大安全事故、重大危险源等应急救援工作作出了相应的规定。

《安全生产法》规定,生产经营单位的主要负责人具有组织制定并实施本单位的生产安全事故应急救援预案的职责。生产经营单位对重大危险源应当制定应急救援预案,并告知从业人员和相关人员在紧急情况下应当采取的应急措施。县级以上地方各级人民政府应当组织有关部门制定本行政区域内生产安全事故应急救援预案,建立应急救援体系。

三、应急救援的方式

应急救援可分为自救、非进入式救援和进入式救援。

在上述三种救援方式中,毫无疑问自救是最佳的选择。由于危害的突发性与急迫性,并且进入人员最清楚其自身的状况与反应,通过自救方式进行撤离比等待其他人员的救援更快、更有效,同时,又可避免其他人员的进入。因此,进入作业的过程中,如果进入人员发现任何缺氧或检测仪器报警时,必须立即停止作业,并迅速撤离。

其次,非进入式救援是一种安全的应急救援方式。借助相关的设备与器材(如连接进入人员的安全绳及提升装置等),救援人员可不进入受限空间,便可安全快速地将发生意外的进入人员拉出受限空间。

进入式救援与上述非进入式救援相反,需要救援人员进入到受限空间内才能完成救援任务。由于人员需要进入,因此风险性增大,这就要求相关单位对救援人员进行专业防护器具使用和救援技巧的培训。同时由于时间紧迫,救援人员容易发生疏漏,因此,要求现场救援人员必须具备沉着冷静的处置能力。

另外,开展受限空间作业非进入式救援或进入式救援时,应同步采取通风、隔离等技术控制措施，确保救援工作安全顺利进行。

四、受限空间应急救援的特点

1. 应急救援预防为主

对于进入下水道、容器等受限空间作业，最好的办法就是提前放下安全绳，保证工人作业过程中，将其随时拴在身上，遇到险情，外部监护人员即可立即将作业人员陆续牵引拽出。如果等到出事后再放绳子下去，不仅耽误时间，而且极易造成施救人员的伤亡。

一条绳子虽然简单，但救援效果却是不一般的，它是进入受限空间作业人员的最低配置。

2. 事故苗头早发现

在受限空间作业中，对于作业人员出现的身体不适，如头晕、头痛、耳鸣、眼花、四肢无力、恶心、呕吐、心慌、气短、呼吸急促等症状，要高度敏感，因为这极有可能就是中毒缺氧所致。对于环境突然出现的异味、高温、高湿等，应高度重视，立刻查找原因，确认安全后方可继续工作。

如果一时查不到原因，或者查到原因确认不具备安全作业条件时，则应刻不容缓，立即停止作业，撤离现场。

事故苗头要早发现，一是依靠作业人员自身提高警惕，二是依靠监护人员坚守岗位，明察秋毫，处理果断。

3. 情况不明别冒险

许多受限空间事故是在作业过程中慢慢导致人员中毒、窒息的，此时，千万不可贸然进入，应根据所学的知识及现场环境，对作业环境进行一定的分析。例如，如果下水道内有发酵的污泥，就能初步判断下水道长期处于密闭状态，里面的有机物发酵，产生大量沼气及硫化氢等有毒有害气体，从而让作业人员中毒。此时，必须采取个人防护措施后，才能下井。

4. 通风不变应万变

在任何情况下，通风都是预防事故、抢险救援的有效手段。例如，在作业前，不管受限空间情况如何，先利用鼓风机进行长时间的强制通风——输入新鲜空气，新鲜空气可对有毒有害、易燃易爆气体起到稀释作用。当出现险情时，在进入救援或等待救援人员到来前，也应向受限空间强制通风。如果不能做到强制通风，应尽可能打开一切可能的通气孔，进行自然通风。

5. 施救自身先安全

发生受限空间事故，救护人员要确保做好自身防护，如系好安全绳、戴上呼吸器、穿好防护服等，在确保自身安全后，方可进入受限空间实施抢救。如若不然，就极可能造成事故的扩大。

6. 能力不到莫强求

有些险情是难以预料的，在突降暴雨、爆炸着火、多人同时中毒等情况下，救援很容易超出本单位的救助能力。如果突发险情超过了监护人员及本单位的救助能力，应该毫不迟疑地向外部求援，将救援重心放在外部力量的救助上。

五、克服应急救援中的常见错误

1. 杜绝盲目施救行为

在突发受限空间事故时，要杜绝不采取防护措施就贸然进入救人的盲目施救行为。发生受限空间事故时，监护人员或事故发现者应及时呼救，在采取切实有效的防护措施如穿防护服、戴上呼吸器以及采取其他一些防护措施后，才能进入救人。唯有如此，才会避免因盲目施救，发生一人出事倒下、救人者下一个倒一个的悲剧，从而导致事故伤亡人员的增加和事故扩大。

2. 杜绝偏狭的"见义勇为"行为

大量案例重复着无数这样的情形：作业人员发生危险，正在一起工作的工友往往见义勇为，毫不犹豫地"挺身而出"，结果，却救人不成又害己，发生了更大的伤亡。这不仅是因为职工的安全意识淡薄，安全素质低下，更多的是注重亲情和人身依附关系的文化背景下的盲目：在得知同事、亲友、乡邻身处险境，基于传统的道德观念，绝大多数人的第一选择是奋不顾身，很少顾及自己的能力和水平。

因此，必须打破传统的道德观念，树立正确的"见义勇为"观念，在救人之前，应充分认识自己是否具备救人的能力，如有则救，如无，则转而求救。牢记：在积极抢救他人的同时，首先要保证自身的生命安全。

3. 建立科学逃生理念

从传统上讲，发生事故，奋勇抢救、永不放弃的做法被广为认可。但是，随着人们对科学的认识不断提高，这种传统观念正在迅速转变为视情放弃，科学逃生。

对此理念已经从一种认识上升为一种方法，即更多的人将何种情况下应弃救逃生作为应急救援的一项重要内容。如果在新的危险到来之时，不能及时视情放弃抢救，及时逃生，而依然盲目英勇抢救，最终造成更重大的伤亡，特别是救援人员的伤亡，那么这种行为将不会再被冠以英雄的伟大壮举，而只能被称为无知者的愚蠢行为。

六、应急救援的要求

1. 建立救援组织

受限空间作业场所生产经营、管理或施工作业的单位应制定受限空间应急救援预案，建立应急救援机制，设置内部救援组织，明确救援人员分工与职责。在授权作业人员进入受限空间作业前，必须确保相应的应急救援人员已经进行了足够和适当的安排，以便能够在进入作业人员需要帮助时随时到位，并清楚如何处置紧急状况。

2. 配备救援设备

相关单位必须有适当和足够的应急救援设备器材，以确保可以及时安全地实施应急救援。相关设备器材必须得到良好的维护，随时处于正常有效的状态。救援装备主要包括安全梯、三脚架、安全绳、安全带、正压式呼吸器具、救援呼吸面罩、防爆照明灯、防爆通信设备、灭火器材等。

3. 组织救援培训

救援人员必须经过专业培训，培训内容包括受限空间作业事故应急预案、基本的急救知识、心肺复苏术、个人防护用品的使用及进入受限空间要求掌握的专业知识等。培训必须保留相关记录。单位如无培训条件可由外部专业培训机构提供相关培训。

4. 开展救援演练

应急救援预案必须考虑到所有的可能性，确定正确的实施步骤。开展救援演练能够帮助单位确认人员、设备及程序在救援过程中发挥有效作用的情况。通过演练可以找到需要提高的地方，然后修改，实现持续改进。例如，在程序中写明使用某种设备进行人员营救，但经过演练发现设备与受限空间救援工作不匹配，就需要在程序中更换该种设备。经常组织应急救援演练可以最大限度地减少发生错误的可能性。

七、应急救援安排

授权人员进入受限空间作业前，必须确保相应的应急救援人员已经进行了足够和适当的安排，以便能够在进入人员需要帮助时随时到位，并清楚如何处置紧急状况。在必要的情况下，救援程序必需的设备与器材必须到位并保证处于良好的状态。如果不清楚受限空间危害，或者在紧急情况下反应不当，很容易导致意外发生。

实际上，进行危害评估的时候，就应确定所需要的紧急救援安排。这个安排将根据受限空间的状况、确认的风险和可能发生的紧急情况而作出。需要考虑的不仅应包括受限空间本身，而且应包括其他可能发生的意外而需要的救援。

有关的受限空间救援策略包括：在条件和环境允许情况下，作业人员自救；由受训的人员使用非进入方式进行救援；由受训人员采用安全防范措施进入救援；使用外部专业的救援机构力量。

八、应急救援培训

任何人员如果需要承担应急救援职责，必须接受相应的指导与培训，以确保其能够有效地承担职责。培训要求将视其工作职责的复杂程度与技巧性的不同而不同。熟悉相关程序与相关的设备器材是非常必要的，可以通过经常的培训与演练来实现。

应急救援人员需要清楚了解可能导致紧急状况的原因，针对可能遇到的突发情况，需要熟悉各种受限空间的救援计划与程序，迅速确定紧急状况的规模，评估其是否有能力实施安全的救援。培训时需要考虑这些因素，以使其获得相应的能力。

救援人员必须完全掌握救援设备、通信器材或医疗器具的使用与操作。必须能够在使用前检查确认所有的设备器材是否处于正常的工作状态下。如果需要使用呼吸防护器具，还需要接受相关的培训。

企业必须配备并培训每一个承担救援职责的人员。相关的培训及演练记录必须进行保存。单位可由内部已接受培训人员或外部机构资源提供相关培训。

1. 应急救援培训的目标

让领导干部重视应急救援工作，具备良好的应急意识，严格履行应急职责，切实把应急工作当作"生命工程"来抓。

让应急指挥人员掌握应急救援的流程、资源的分布、危险的处置方法，具备过硬的指挥组织能力。

让专业应急救援人员掌握应急救援的程序和要领，具备良好的专业救援技能。

2. 应急培训的对象

应急培训的对象主要有以下几类：①企业各级领导；②企业专业应急救援人员；③企业一般应急救援人员；④企业其他人员；⑤临时外来人员；⑥其他专兼职应急队伍，如消防队伍，医疗卫生队伍，危险化学品、电力等专业抢险队伍。

3. 应急培训的内容

应急培训包括应急意识教育、应急知识教育与应急技能教育三种。

（1）应急意识教育。首先，要让生产经营单位的领导、有关部门及基层作业人员充分建立"受限空间有危险，进入作业须谨慎"的基本理念，对受限空间的作业安全高度重视，大力倡导"小心谨慎安全在，麻痹大意事故来"的思想。其次，要让生产经营单位的领导、有关部门及基层作业人员充分建立"掌握知识、熟练技能、尊重规律、科学施救"的理念，对受限空间事故的应急救援做好充分的心理准备、预案准备、物资准备等。

（2）应急知识教育。首先，要向受限空间作业的相关管理人员、操作人员、作业监护人员进行作业场所危险有害知识的教育，使其充分了解作业过程中存在的危险及可能造成的各种后果。其次，要针对作业中的各种危险，向受限空间的作业人员、监护人员进行相应的应急处置知识教育，使之掌握科学的自救、互救知识与方法。

（3）应急技能教育。首先，要训练作业人员，使之有良好的应急心理素质，做到遇险不慌，从容应对。其次，要使作业人员熟练掌握应急处置要领，特别是要针对应急预案进行演练，保证在险情出现、事故发生之时，他们能够快速反应，正确处置。

4. 应急队伍的教育培训

由于受限空间作业有特殊危险的特性，与露天抢险作业有很大的不同，因此，对专业应急救援队伍应进行受限空间事故的应急救援专项教育。同时，行动要果断，措施要得力，从而提高应急救援速度和效果。具体包括以下内容：掌握相关危险化学品、机械、电子等安全专业知识；危险辨识与分析；应急预案编制与实施；应急装备选择、使用与维护；应急预案评审与改进；应急预案演练。

5. 应急培训方法

应急培训，要采取灵活多样、简单实用、效果明显的方法。常用方法如下：

（1）书本教育。编制通俗的应急知识读本，全员发放，人手一册，以提高应急意识，传授基本应急知识。

（2）举办知识讲座。聘请外部专家对专业人员进行系统的专业知识教育，或对一个专题进行讲解。

（3）内部办班。组织企业内专业人员从上至下进行分层次的教育培训。

（4）案例教育。精选典型案例，结合企业实际，进行生动灵活的教育。

（5）计算机多媒体教育。利用幻灯片、小动画、三维动画模拟等计算机多媒体技术进行教育。

（6）模拟演练。对应急预案进行模拟演练。由于模拟演练与实战情景最接近，因此，它最能锻炼应急人员的心理素质、应急技能，对提高应急救援水平最有效果。因此，这是一种必不可少的培训方法。

第二节　应急预案编制

应急救援预案是指针对可能发生的事故，为迅速、有序地开展应急行动而预先制定的行动方案。应急预案是基于危险源辨识和风险评估的应对方案，统筹安排突发事故事前、事发、事中、事后各个阶段的工作。如果企业应急预案科学可行，预案规定的各项内容得到了很好的落实，就能够有效预防、从容应对突发事件。

《生产经营单位安全生产事故应急预案编制导则》（AQ/T9002—2006）是由国家安全生产监督管理总局于2006年10月20日发布的安全生产行业标准，2006年11月1日正式实施。标准规定了应急预案体系的构成，以及综合应急预案、专项应急预案、现场处置方案的格式和主要内容，是企业编制安全生产事故应急救援预案的指导性文件。

由于受限空间作业危害性大，事故发展快，更需要编制完善的应急救援预案，最大限度地降低人员伤亡和财产损失。

一、应急预案的基本知识

1. 应急预案的作用

应急预案确定了应急救援的范围和体系，使应急管理不再无据可依、无章可循，尤其是通过培训和演练，可以使应急人员熟悉自己的任务，具备完成指定任务所需的相应能力，并通过检验预案和行动程序，评估应急人员的整体协调性。

应急预案有利于作出及时的应急响应，控制和防止事故进一步恶化，应急行动对时间要求十分敏感，不允许有任何拖延，应急预案预先明确了应急各方职责和响应程序，在应急资源等方面进行先期准备，可以指导应急救援迅速、高效、有序开展，将事故造成的人员伤亡、财产损失和环境破坏降到最低限度。

应急预案是各类突发事故的应急基础，通过编制应急预案，可以对那些突发事件起到基本的应急指导作用，成为开展应急救援的"底线"，在此基础上，可以针对特定事故类别编制专项应急预案，并有针对性地进行专项应急预案准备和演习。

应急预案建立了与上级单位和部门应急救援体系的衔接，通过编制应急预案可以确保当发生超过本级应急能力的重大事故时与有关应急机构的联系和协调。

应急预案有利于提高风险防范意识，应急预案的编制、评审、发布、宣传、演练、教育和培训，有利于各方了解面临的重大事故及其相应的应急措施，有利于促进各方提高风险防范意识和能力。

2. 应急预案编制的基本要求

（1）针对性。应急预案是针对可能发生的事故，为迅速、有序地开展应急行动而预先制定的行动方案，因此，应急预案应结合危险分析的结果。

针对重大危险源：重大危险源是指长期地或是临时地生产、搬运、使用或贮存危险物品，且危险物品的数量等于或超过临界量的单元（包括场所和设施）。重大危险源历来就是生产经营单位监管的重点对象。

针对可能发生的各类事故：在编制应急预案之初需要对生产经营单位中可能发生的各类事故进行分析，在此基础上编制预案，才能保证应急预案更广范围的覆盖性。

针对关键的岗位和地点：不同的生产经营单位，同一生产经营单位不同生产岗位所存在的风险大小都往往不同，特别是在危险化学品、煤矿开采、建筑等高危行业，都存在一些特殊或关键的工作岗位和地点。

针对薄弱环节：生产经营单位的薄弱环节主要是指生产经营单位在应对重大事故方面存在的应急能力缺陷或不足。企业在编制预案过程中，必须针对重大事故应急救援过程中，人力、物力、救援装备等资源的不足提出弥补措施。

针对重要工程：重要工程的建设和管理单位应当编制预案，这些重要工程往往关系到国计民生的大局，一旦发生事故，其造成的影响或损失往往不可估量，因此，针对这些重要工程应当编制应急预案。

（2）科学性。应急救援是一项科学性很强的工作，编制应急预案必须以科学的态度，在全面调查研究的基础上，实行领导和专家结合的方式，开展科学分析和论证，制定出决策程序和处置方案，应急手段先进的应急反应方案，使应急预案真正的具有科学性。

（3）可操作性。应急预案应具有实用性和可操作性，即发生重大事故灾害时，有关应急组织和人员可以按照应急预案的规定迅速、有序、有效地开展应急救援行动，降低事故损失。

（4）完整性。功能完整：应急预案中应说明有关部门应履行的应急准备、应急响应职能和灾后恢复职能，说明为确保履行这些职能而应履行的支持性职能。

应急过程完整：包括应急管理工作中的预防、准备、响应、恢复四个阶段。

适用范围完整：要阐明该预案的使用范围，即针对不同事故性质可能会对预案的适用范围进行扩展。

（5）合规性。应急预案的内容应符合现行国家法律、法规、标准和规范的要求。

（6）可读性。易于查询；语言简洁、通俗易懂；层次及结构清晰。

（7）相互衔接。各级各类安全生产应急预案应相互协调一致、相互兼容。

3. 应急预案体系的构成

应急预案应形成体系，针对各级各类可能发生的事故和所有危险源制定综合应急预案、专项应急预案和现场处置方案，并明确事前、事发、事中、事后的各个过程中相关部门和有关人员的职责。生产规模小、危险因素少的生产经营单位，综合应急预案和专项应急预案可以合并编写。

（1）综合应急预案。综合应急预案是从总体上阐述事故的应急方针、政策，应急组织结构及相关应急职责，应急行动、措施和保障等基本要求和程序，是应对各类事故的综合性文件。

（2）专项应急预案。专项应急预案是针对具体的事故类别（如煤矿瓦斯爆炸、危险化学品泄漏等事故）、危险源和应急保障而制定的方案，是综合应急预案的组成部分，应按照综合应急预案的程序和要求组织制定，并作为综合应急预案的附件。专项应急预案应有明确的救援程序和具体的应急救援措施。

（3）现场处置方案。现场处置方案是针对具体的装置、场所或设施、岗位所制定的应急处置措施。现场处置方案应具体、简单、针对性强。现场处置方案应根据风险评估及危险性控制措施逐一编制，做到相关人员应知应会，熟练掌握，并通过应急演练，做到迅速反应、正确处置。

4. 受限空间应急预案的具体编制与实施

受限空间应急预案在不同单位应该属于专项应急预案或者现场处置方案两种，下面分别介绍：

（1）专项应急预案的具体编制与实施。专项应急预案是针对具体的事故类别（如中毒、着火、物体打击等事故）、危险源和应急保障而拟订的计划或方案。专项应急预案应制定明确的救援程序和具体的应急救援措施。

①事故类型和危害程度分析。指在危害评估的基础上，对受限空间可能发生的事故类型及严重程度进行确定。

②应急处置基本原则。明确处置受限空间作业事故应急救援应遵循的基本原则。具体为：a. 尽可能实施非进入救援；b. 救援人员未经批准，不得进入受限空间进行救援；c. 检测清楚受限空间环境构成；d. 根据受限空间的类型和可能遇到的危害，决定需要采用的应急救援措施。

③组织机构及职责。应急组织机构：明确组织形式、构成单位或人员，并尽可能以结构图的形式表示出来。指挥机构及职责：根据事故类型，明确应急救援指挥机构总指挥以及各成员单位或人员的具体职责。应急救援指挥机构可以设置相应的应急救援工作小组，明确各小组的工作任务及主要负责人的职责。

④预防与预警。危险源监控：明确本单位对危险源的监控方式、

方法，以及采取的预警措施。预警行动：明确具体事故预警的条件、方式、方法和信息的发布程序。

⑤信息报告程序。确定报警系统及程序；确定现场报警方式，如电话、警报器等；确定 24 小时与相关部门的通信、联络方式；明确相互认可的通告、报警形式和内容；明确应急响应人员向外求援的方式。

⑥应急处置。响应分级：针对事故危害程度、影响范围和单位控制事态的能力，将事故分为不同的等级。按照分级负责的原则，明确应急响应级别。

响应程序：根据事故的大小和发展的势态，明确应急指挥、应急行动、资源调配、应急避险、扩大应急等响应程序。

处置措施：针对本单位事故类别和可能发生的事故特点、危害性，制定应急处置措施。

应急物资与装备保障：明确应急处置所需的物资与装备数量、管理和维护、正确使用等。

专项应急预案编制实施程序如图 6—1 所示。

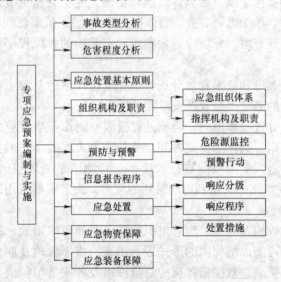

图 6—1　专项应急预案编制的实施程序

（2）现场处置方案的具体编制与实施。现场处置方案是针对具体的装置、场所或设施、岗位所制定的应急处置措施。现场处置方案应具体、简单、针对性强。现场处置方案应根据风险评估及危险性控制措施逐一编制，做到事故相关人员应知应会，熟练掌握，并通过应急演练，做到迅速反应、正确处置。

①事故特征。事故特征主要包括：

a. 危险性分析确定的可能发生的事故类型；

b. 事故发生区域、地点或装置的名称；

c. 事故可能发生的季节和造成的危害程度；

d. 事故前可能出现的征兆。

②应急组织与职责。应急组织与职责主要包括：

a. 基层单位应急自救组织形式及人员构成情况；

b. 相关岗位和人员的应急工作职责。

③应急处置。应急处置主要包括：

a. 事故应急处置程序。根据可能发生的事故类别及现场情况，明确事故报警、各项应急措施启动、应急救护人员的引导、事故扩大及同企业应急预案衔接的程序。

b. 现场应急处置措施。针对可能发生的火灾、爆炸、中毒、机械伤害等事故，从操作措施、工艺流程、现场处置、事故控制、人员救护、消防、现场恢复等方面制定明确的应急处置措施。

c. 报警电话及上级管理部门、相关应急救援单位联络方式和联系人员等事故报告基本要求和内容。

现场处置方案编制程序如图 6—2 所示。

④注意事项。

a. 佩戴个人防护器具方面的注意事项；

b. 使用抢险救援器材方面的注意事项；

c. 采取救援对策或措施方面的注意事项；

d. 现场自救和互救的注意事项；

e. 现场应急处置能力确认和人员安全防护等事项；

f. 应急救援结束后的注意事项；

g. 其他需要特别警示的事项。

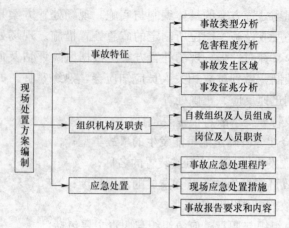

图 6—2　现场处置方案编制程序

二、预案需要列出的相关附件及要求

1. 应急部门、机构或人员的联系方式

列出应急工作中需要联系的部门、机构或人员的多种联系方式，并随时更新。

2. 重要物资装备的名录或清单

列出应急预案涉及的重要物资和装备的名称、型号、存放地点和联系电话等。

3. 规范化格式文本

准备用于信息接报、处理、上报等规范化格式文本。

4. 关键的路线、标识和图样

（1）报警系统分布及覆盖范围；

（2）重要防护目录一览表、分布图；

（3）应急救援指挥位置及救援队伍行动路线；

（4）疏散路线、重要地点等的标识；

（5）相关平面布置图样、救援力量的分布图样等。

5. 相关应急救援名录

列出与本应急预案相关的或相衔接的应急预案的名称。

6. 相关协议或备忘录

与相关应急救援部门签订的应急救援协议或备忘录。

三、应急预案编制格式和要求

1. 封面

应急预案封面主要包括应急预案编号、应急预案版本号、生产经营单位名称、应急预案名称、编制单位名称、颁布日期等内容。

2. 批准页

应急预案必须经发布单位主要负责人批准方可发布。

3. 目次

应急预案应设置目次，目次中所列的内容及次序如下：

（1）批准页；

（2）章的编号、标题；

（3）带有标题的条的编号、标题（需要时列出）；

（4）附件，用序号表明其顺序。

4. 印刷与装订

应急预案采用 A4 纸张印刷，活页装订。

四、编制应急预案应特别注意的问题

1. 预案内容要全面

预案内容不仅要包括应急处置，而且要包括预防预警、恢复重建；不仅要有应对措施，而且要有组织体系、响应机制和保障手段。

2. 预案内容要适用

预案内容要适用，也就是务必切合实际。应急预案的编制要以事故风险分析为前提，要结合本单位的行业类别、管理模式、生产规模、风险种类等实际情况，充分借鉴国际、国内同行业的事故经验教训，在充分调查、全面分析的基础上，确定本单位可能发生事故的危险因素，确定有针对性的救援方案，确保应急预案科学合理、切实可行。

3. 预案表述要简明

编制应急预案要遵循"通俗易懂、删繁就简"的原则，抓住应急管理的工作流程、救援程序、处置方法等关键环节，制定出简单易行的应急预案，坚决避免把应急预案编制成冗长烦琐、晦涩难懂的文章。

具体到每一个岗位，一般可能也就半页纸。要把岗位现场处置方案做成活页纸，准确规定操作规程和动作要领，让每一位员工都能"看得懂、记得住、用得上"。

4. 应急责任要明晰

明晰责任是应急预案的基本要求。要切实做到责任落实到岗，任务落实到人，流程牢记在心。只有这样，一旦发生事故时才能实施有效、科学、有序的报告、救援、处置等程序，防止事故扩大或恶化，最大限度地降低事故造成的损失或危害。

5. 应急预案要衔接

应急救援是一个复杂的系统工程，在一般情况下，要涉及企业上下和企业内外的多个组织、部门。特别是不可能完全确定的事故状态，使应急救援行动充满变数，使应急救援行动在很多情况下必须寻求外部力量的支援。因此，编制预案时，必须从横向、纵向上与相关企业、政府的应急预案进行有机衔接。

6. 应急预案要演练

预案只是预想的作战方案，实际效果如何，还需要实践来验证。同时，熟练的应急技能也不是一日可得的。因此，必须对应急预案进行经常性的演练，验证应急预案的适用性、有效性，发现问题，改进完善。这样不但可以不断提高预案的质量，而且可以锻炼应急人员，使其具有过硬的心理状态和熟练的操作技能。

7. 预案改进要持续

要加强应急预案的培训、演练，通过培训和演练及时发现应急预案存在的问题和不足。同时，要根据安全生产形势和企业生产环境、技术条件、管理方式等实际变化，与时俱进，及时修订预案内容，确保应急预案的科学性和先进性。

第三节　应急救援演练

应急救援预案编制完成，并经过评审发布后，即具备了应急救援的"作战方案"。具备了良好的应急救援"作战方案"，就为应急救援行动的成功提供了根本保障。

应急人员只有对自己的应急职责及应急操作熟稔于心，面对突发危险时，才能从容沉稳，处变不惊，果敢行动；发现意外时，灵活应对，从而保障应急救援行动的有序、高效开展，圆满实现应急救援的目标。如若不然，就可能手忙脚乱、死板教条，结果只有一败涂地，让完美的救援方针和原则成为空洞的废话，科学的响应程序成为无用的教条，费心、费力、费财编制的应急预案成为好看的摆设。

应急演练对按照应急救援"作战方案"进行高效救援至关重要。

一、应急演练

预案只是预想的作战方案，实际效果如何，还需要实践来检验。同时，熟练的应急技能也不是一日可得的。因此，必须对应急预案进行经常性的演练，验证应急预案的适用性、有效性，发现问题，及时改进完善。

预案是为了实战，完善的预案，最终还需要人来按照预案确定的原则、方针、响应程序及操作要求正确执行。因此，有了完善的预案，还必须全面正确地得到贯彻执行。

熟能生巧，熟练操作才能高效。要实战成功，离不开平时的演练。演练搞得好，从中获取的宝贵经验，其价值不亚于事故代价换来的教训。

演练不是演戏，要从实际出发，突出实战，注重实效，不能走过场，不能流于形式，不能为演练而演练。

演练形式可以多种多样，但都必须经过精心设计、周密组织。要针对演练中发现的问题，及时制定整改措施。

要真正通过演练，使应急管理工作和应急管理水平得到完善和提高，使应急人员具有过硬的心理素质和熟练的操作技能，真正达到检验预案、磨合机制、锻炼队伍、提高能力、实现目标的目的。

特别强调的是，演练是为了保障人的安全。因此，首先要保障装置、设备的安全；同时，演练需要投入人力、物力、财力，因此，要优选合理的演练方式，采用先进的手段，尽可能降低演练的成本。

二、应急演练的作用

对事故应急救援预案演练的作用，首先是通过演练应能提高参演人员的应急响应能力；其次是通过演练可对应急预案本身进行检验，发现其不足之处，以便进一步完善。例如，通过演练暴露预案和程序的缺陷；发现应急资源的不足（包括人力和设备等）；通过演练改善各应急部门、机构、人员之间的协同性；增强公众的应急意识和应对突发重大事故的信心；进一步明确应急人员各自的岗位与职责；提高各级预案之间的协调性；提高整体应急反应能力等。

应急演练的作用主要有以下几个方面：

1. 检验预案

评估应急预案的各部分或整体是否能有效付诸实施，验证应急预案实施中可能出现的各种紧急情况的适应性，找出应急准备工作中可能需要改善的地方，确保建立和保持可靠的通信渠道及应急人员的协同性，确保所有应急组织都熟悉并能够履行他们的职责，找出需要改善的潜在问题。具体包括：

（1）在应急预案投入实战前，事先发现应急预案方针、原则和程序的缺点。

（2）在应急预案投入实战前，事先发现采用的应急技术及现场操作的错误、不当之处。

（3）在应急预案投入实战前，辨识出缺乏的资源。

（4）在应急预案投入实战前，事先发现应急责任的空白、不清、脱节之处，查找协同应对的薄弱环节。

2. 提高心理素质

突发事故的现场，可能是爆炸震耳欲聋，火焰冲天而起，浓烟滚滚呛人，甚至尸横遍野，血肉横飞，惨不忍睹。在这种情景之下，恐慌、惧怕、逃避的是人的正常心理反应，出现反应迟钝、束手无策或不顾一切抢险救灾也是正常现象。但是，恐慌、惧怕、逃避心理是应急人员必须消除的心理反应；反应迟钝、束手无策是应急人员动作反应的大忌；而不顾一切，抢险救灾，也不可取，这往往是一种冒险的本能反应行为，在很多情况下，同样于事无补，甚至会造成事故的恶化或扩大。

面对突发重大险情、事故，应急人员必须具有处变不惊、从容应对的心理素质，然后依照程序、符合要求、有序施救，确保救援成功。要具备过硬的心理素质，既要有良好的应急知识，对事故处置成竹在胸，更要经过现场模拟，熟悉现场气氛，保证"动作"不变形。

要获得这种心理素质，一是靠日常的专业知识学习，二是要靠一次次的现场模拟演练。实践证明，演练毕竟还是以安全为前提的"假戏"，平时演练得再好，真正到了实战，还可能会出现"动作"变形的时候。经常演练尚且如此，不经常演练，结果更可想而知。

3. 熟练操作应急预案，提高应急救援水平

熟能生巧，熟练操作就会高效。因此，经常进行应急演练，就会熟悉应急预案，熟练操作，默契配合，对于突发异常情况，容易灵活正确处置，从而不断提高应急救援水平。因此，必须变"纸上谈兵"为"模拟演兵"，从而保证"有备而战，战则能胜"。

4. 提高全员应急意识

每一次的应急演练，就是一堂生动的应急教育课。应急演练可以一次次激发、巩固全员应急意识，这种应急意识的形成，对于充分调动全员应急工作的主动性，具有不可低估的作用。

三、应急演练的目的

上述应急演练的作用，从某种意义上讲，也是应急演练的直接目的，但并不是演练的最终目的，最终目的是要保证应急预案的成功实

施，实现应急救援的预期目标。应急演练的目的如下：

1. 校验应急预案

用模拟方式对应急预案的各项内容进行检验，保证应急预案有针对性、科学性、实用性和可操作性。

2. 锻炼队伍

通过有组织、有计划、真实性强的仿真演练，锻炼应急队伍，保证应急人员具有良好的应急素质和熟练的操作水平，充分满足应急工作的实际需要。

3. 提高水平

通过完善应急预案，提高队伍素质和应急各方协同应对能力，保证应急预案的顺利实施，提高应急救援的实战水平。

4. 实现目标

通过应急演练可以提高应急救援水平，保证实战成功，圆满完成应急预案目标，最大限度地避免或减少人员伤亡、财产损失、生态破坏和不良社会影响。

四、应急演练的类型

应急演练可采用包括桌面演练、功能演练和全面演练在内的多种演练类型。

1. 桌面演练

桌面演练是指应急组织的代表或关键岗位人员参加的，按照应急预案及其标准运作程序讨论紧急情况时所应采取的行动的演练活动。

桌面演练的主要特点是对演练情景进行口头演练，一般是在会议室内举行的非正式活动。

主要是在没有时间压力的情况下，演练人员检查和解决应急预案中问题的同时，获得一些建设性的讨论结果。

主要目的是在心情放松、心理压力较小的情况下，锻炼应急人员解决问题的能力，以及解决应急组织相互协作和职责划分的问题。

桌面演练只需展示有限的应急响应和内部协调活动，应急响应人员主要来自本地应急组织，事后一般采取口头评论形式收集演练人员的建议，并提交一份简单的书面报告，总结演练活动和提出有关改进应急响应工作的建议。

桌面演练方法成本较低，主要用于为功能演练和全面演练作准备。

2. 功能演练

功能演练是指针对某响应功能或其中某些应急响应的活动举行的演练活动。功能演练也可称专项演练。

功能演练主要目的是针对不同的应急响应功能，检验相关应急人员及应急指挥协调机构的策划和响应能力。如应急通信功能演练，可假定在事故状态下，按照应急预案要求，模拟事态的逐级发展，检验不同人员、不同地域、不同通信工具的通信能否满足实际要求。

对功能演练，要进行评估，充分总结演练过程中发现的问题和获得的经验。功能演练完成后，除采取口头评估的形式外，还要向相关部门提交有关演练活动的书面评估报告，提出改进建议，完善应急预案，提高应急水平。

3. 全面演练

全面演练指针对应急预案中全部或大部分应急响应功能，检验、评价应急组织应急运行能力的演练活动。

全面演练，现场逼真，暴露出的问题往往最能体现要害，获取的经验最有用；同时，全面演练投入的人力、财力、物力最多，往往是巨大的。因此，必须把应急预案演练评估作为一项非常重要的工作，全过程地抓好，以弥补不足，总结经验，并努力节省投资，用最少的钱办最大的事。

五、应急演练的原则

应急演练类型有多种，不同类型的应急演练虽有不同特点，但在策划演练内容、演练情景、演练频次、演练评价方法等方面，应遵循以下原则。

1. 领导重视，全员动员

最高管理层要充分认识应急演练的重要作用和真正目的，端正思想，克服演练是"形式主义、没效益、白花钱"等错误思想，只有领导重视，全员动员，应急演练工作才能得到根本保障。

2. 周密组织，安全第一

演练的根本目的，是要保障生命和财产免受伤害，决不能在演练中真"出事"，出现人员伤亡、影响生产的情形。因此，对演练必须周密组织，坚持安全第一的原则，保证演练过程的每个环节都是实时可控的，即随时可以安全终止，充分保障人员生命安全、生产运行安全和周围公众的安全。

3. 结合实际，重点突出

要充分考虑企业、地域等实际情况，分析应急工作中的薄弱环节，分析应急工作的重点所在，找出需要重点解决、重点保障的内容进行演练。如果员工对应急预案的基本内容尚不熟悉，就要重点抓好口头讲解为特点的桌面演练；如果应急人员对应急装备的使用尚存在问题，那就应该重点进行应急装备的演练。

4. 内容合理，讲究实效

应急预案是一个复杂的系统工程，从理论上讲，要演练的内容很多，甚至是无穷尽的。因此，必须坚持"内容合理、讲究实效"的原则，确定那些有实质意义的内容，避免要花架子，走过场，让演练流于形式的现象。

5. 优化方案，经济合理

演练需要投入人力、物力、财力，其中，全面演练花费最大，在一些情况下，企业会出现"演练不起"的现象。演练有用，可演练花费太大，也可能吃掉企业效益，成为经济运行的"绊脚石"，企业生产安全有了保障，企业经济发展却失去保障，也完全违背了应急演练通过保障生产安全促进经济发展的初衷。因此，应急演练，必须对演练方案进行充分优化，从演练类型选择到人力、物力等方面的投入，充分综合评价企业的安全需求与经济承受能力，选用最经济的方式，用最低的演练成本，达到演练的目的。要坚决避免求大全、求好看的演练方案，这样的方案将会给经常进行演练的企业造成不必要的经济损失。

六、应急演练策划

1. 确定应急指挥组织

根据不同类型的应急演练，成立应急演练指挥组织。由确定的应急演练指挥组织，成立应急演练策划小组。应急演练策划小组，编制应急演练策划方案。

2. 演练策划报告内容

企业开展应急演练过程可划分为演练准备、演练实施和演练总结三个阶段。按照应急演练的三个阶段，演练策划报告应包括演练从准备、实施到总结的每一个程序及要求，主要内容如下：

（1）明确职责，分工具体

演练策划小组是演练的领导机构，是演练准备与实施的指挥部门，对演练实施全面控制，任务繁重。因此，演练策划小组人员各自职责必须明确，对工作进行具体分工，按照各自职责与分工，有序开展工作。

（2）确定演练类型和对象

根据企业实际，根据最需要解决的问题、应急工作重点、演练各项投入等情况，确定合适的演练类型和演练对象。

（3）确定演练目标

演练策划小组根据演练类型和对象，制定具体的演练目标。演练目标，不能仅以成功处置"事故"这一正确但笼统的目标为目标，应将目标分解细化，要把队伍的调用、人员的操作、装备的使用、"事故"的处置、演练的评价等应达到的要求，作为具体的演练目标。

（4）确定演练、观摩人员

演练策划小组要确定参与演练的人员，满足演练与实战的需要。同时，确定相应的观摩人员。观摩人员不仅指领导，应尽可能让更多的员工进行观摩，对观摩者来说，既是技能教育，也是意识教育。因此，应充分发挥这一课堂的作用，只要"教室"足够大，就尽可能招收更多的"学生"来学习。

（5）确定演练时间和地点

演练策划小组与企业有关部门、应急组织和关键人员提前协商，并确定演练的时间和地点。

（6）编写演练方案

演练策划小组应根据演练类型、对象、目标、人员等情况，事先编制演练方案，对演练规模、参演单位和人员、演练对象、假想事故情景及其发展顺序和响应等事项进行总体设计。

（7）确定演练现场规则

演练策划小组应事先制定演练现场的规则，确保演练过程全程可控，确保演练人员的安全和正常的生产、周围公众的生活秩序不受影响。

（8）成立评价小组

演练策划小组可以聘请非本单位的对应急演练和演练评价工作有一定了解的外部人员、专家作为主体，与演练策划小组、演练参与单位委派人员组成评价小组，并由外部具有较高专业水平的人员担任评价小组组长，保证评价客观真实。

（9）通报错误、缺失及不足

演练结束后，演练策划小组负责人应通报本次演练中存在的错误、缺失及不足，并通报相应的改进措施。有关方面接到通报后，应在规定的期限内完成整改工作。

七、应急演练评估与总结

应急演练评估与总结是指应急演练结束后演练组织单位组织相关人员总结分析演练中暴露的问题，评估演练是否达到了预定目标，从而提高应急准备水平和演练人员的应急技能。演练评估总结一般可分为任务层面评估总结、职能层面评估总结和演练总体层面评估总结。任务层面评估总结主要针对演练中的某个具体任务的完成情况进行评估；职能层面评估总结主要针对演练中某个部门的实际职责的完成情况进行评估；演练总体层面评估总结是对演练的总体完成情况进行评估。应急演练评估的内容主要包括：观察和记录演练活动，对比演练人员表现与演练目标要求差异，归纳、整理演练中发现的问题，并提出整改建议。为了确保演练总结评估工作公正、客观，可采用评估人员审查、访谈，参加者汇报、自我评估以及公开会议协商等形式。应急演练评估与总结是做好应急演练工作的重要环节，它可以全面、系统地了解演练情况，正确认识演练工作中的不足，为应急工作的进一步完善提供依据。

演练评估是指演练评估分析人员观察和记录演练活动、比较演练人员表现与演练目标要求，并提出演练改进意见。为达到理想的评估效果，应在演练覆盖区域的关键地点和各参演应急组织的关键岗位上派驻公正的评估人员，以获得全面、正确的演练评估结果。评估分析人员主要是观察演练的进程，访谈演练人员，要求参演应急组织提供文字材料，组织召开演练讲评会议，评估参演应急组织和演练人员表现并反馈情况。具体来说，演练评估可以采用以下几种方式。

（1）评估人员审查。评估人员在演练过程中，根据演练评估手册的引导作为中立方客观地记录演练人员完成每一项关键行动的时间及效果，填写评估表格。表格的部分内容需要评估人员在演练现场根据实际情况短时间内完成填写；部分内容需要演练后进行统计分析。在条件允许的情况下，演练策划组应指派专人对演练的全过程进行录像。评估人员在演练结束后，还可通过与参演人员交谈、向参演应急组织索取演练的文字材料等方式进一步搜集与演练相关的信息，以便准确评估演练效果。

下面列举一份演练评估手册，以供参考（见表6—1）。

表6—1 演练评估手册

序号	问题类别	问题示例
1	应急预案的质量	应急救援预案是否考虑到大部分的应急需求，如通信、物资供给、应急区域的划分等；应急预案是否对应急过程中所可能涉及应急组织、人员的功能、职责和行动进行介绍和阐述；应急预案对紧急状况处理是否达到社会期望值

续表

序号	问题类别	问题示例
2	演练方案的整体质量	当地应急救援能力能否承受这类实战演练的考验,确保演练能够安全、顺利地进行;演练对现场周围的社会秩序可能造成的负面影响
3	演练人员的执行情况	各应急组织的演练人员是否按照要求及时就位;演练人员是否按照规定进行分工协作;演练方案的整体实施效果情况
4	演练人员的执行效率	从接警到应急人员赶到事发地点的时间是否达到应急预案的要求;演练过程中因失误导致应急行动受影响的情况;演练过程中信息的传达效率;演练过程中是否出现资源紧缺或者浪费的情况
5	演练人员的技能	演练人员的心理承受能力能否胜任所担负的职责;演练人员能否正确使用各种应急器材及使用的熟练程度

(2) 演练参加者汇报。演练参加者主要指的是参加演练的演练实施人员、角色扮演人员和观摩学习人员。由于他们亲身经历整个演练过程,一些评估人员没有留意的演练细节可以通过他们发现。为了更好地评估演练效果,评估人员可在演练结束后向参加者统一发放反馈表格,由参加者填写后交给评估人员评阅。评估人员也可以采用访谈的形式,对参加者提出一系列事先准备好的问题。如"你是否知道演练目标和要求""你觉得实际演练是否达到了演练方案的目标和要求""你觉得场景是否真实""你觉得现场的指挥人员是否指挥得当"等,帮助参加者表达对演练的意见和建议。交谈结束后,评估人员对交谈的内容进行整理,并结合现场记录内容一同汇总,以便作进一步的总结和分析。

(3) 召开演练讲评会。举行讲评会,对演练活动进行讨论和讲评是改进应急管理工作的重要步骤,也是演练人员自我评价的机会。演练讲评会应在演练结束后进行,一方面评估人员有充足的时间准备汇报材料,另一方面让所有参演人员稳定情绪、冷静思考演练过程中存在的问题和值得总结的地方。讲评会原则上要求所有参演人员参加,会议首先由演练评估人员代表对演练的基本情况进行总结;总结内容既要肯定参演各方在演练过程中的表现,又要客观指出参演部门在演练过程中暴露的问题。评估人员发言结束后，应安排其他与会人员作自我汇报，重点应围绕评估人员提出的问题展开讨论，探讨问题的成因和解决方法，并明确这些问题的整改期限。演练讲评会需要安排专人做好会议纪要，以作为问题跟踪、整改的依据。

下面列举一份演练评估报告表，以供参考（见表6—2）。

表6—2 应急演练评估报告表

序号	评估项目	评估内容	评估记录
1	组织体系完整性与人员安排合理性	组织体系、应急预案、人员到位、人员安排合理等，工区管理人员现场把关	
2	信息报送及时与准确性	现场故障描述，从报告运行单位开始，向上反馈到省公司生产技术部、建运分公司等时间	
3	巡视人员应急响应及时性	从演练指挥员下达故障通知开始，到故障巡视人员抵达现场的时间	
4	巡视人员携带工具完整性	杆塔明细表、望远镜、照相机、急救包、个人工具、记录本、笔、安全护具	
5	抢修队伍应急响应及时性	从得到故障现场情况开始，到抢修人员抵达现场的时间	
6	抢修材料工具完整性	作业文件：事故抢修单 作业工具：滑轮组、启动工具、提线工具、吊绳	

（4）演练总结。演练结束后，进行客观总结是全面评价演练的依据，也是为了进一步加强和改进突发事件应对处置工作。一般而言，演练总结可分为现场总结和事后总结两种。

现场总结指在演练的一个或所有阶段结束后，由演练总指挥、总策划、专家评估组长等在演练现场有针对性地进行讲评和总结。内容主要包括本阶段的演练目标、参演队伍及人员的表现、演练中暴露的问题及解决问题的办法等。

事后总结指在演练结束后，由演练策划组根据演练记录、演练评估报告、应急预案、现场总结等材料对演练进行系统和全面的总结，并形成演练总结报告。演练总结报告应在规定的期限内完成，报送上级部门及当地政府，抄送各参演应急组织。报告的内容一般包括以下几个方面，也可根据具体情况有所侧重：应急演练的地点、时间、气象等基本信息；参与应急演练的应急组织、企事业单位和行政部门；应急演练指挥组织与演练方案；应急演练目标、演练范围和签订的演练协议；应急演练实施的整体情况以及各参演应急组织的情况；参演人员演练实施情况；演练中存在的问题以及改进措施建议；对应急组织和人员应急培训方面的建议；对应急设施、设备维护更新方面的建议。

第四节　现场急救

在受限空间作业现场发生生产安全事故以后，如果能在第一时间及时采取科学、正确的现场急救方法，就可以大大降低伤员的死亡率，也可以免除伤员伤愈的后遗症。因此，从业人员都应熟悉并掌握现场急救的简单方法，以便在事故发生后及时进行自救、互救。现场急救的基本原则是"先救命后治伤"。也就是说，事故发生后，事故现场第一目击者要在呼救的同时，尽快采取一些正确、有效的救护方法对伤者进行急救，为挽救生命、减少伤残争取时间。因此，事故现场第一施救者简易有效的紧急救护非常重要。但必须注意：中毒患者必须先脱离中毒现场，转移到空气新鲜处后才能进行现场急救，这样既可切断毒物进入中毒患者体内的途径，也可保证急救人员的安全。

以下介绍几种常见的现场急救方法：

一、心肺复苏术

心跳、呼吸骤停的急救，简称心肺复苏。对于心跳呼吸骤停的伤员，心肺复苏成功与否的关键是时间。在心跳呼吸骤停后 4 min 之内开始正确的心肺复苏，8 min 内开始高级生命支持者，生存希望大。心肺复苏通常采用口对口人工呼吸法和胸外按压。

1. 心肺复苏操作程序

步骤一：判断意识。轻拍伤员肩膀，高声呼喊："喂，你怎么了!"

步骤二：高声呼救。"快来人啊，有人晕倒了，快拨打急救电话。"

步骤三：将伤员翻成仰卧姿势，放在坚硬的平面上（见图6—3）。

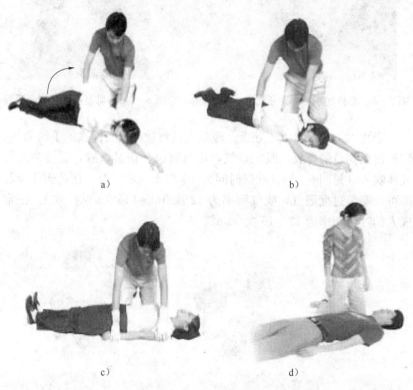

a）　　　　　　　　　　　　　b）

c）　　　　　　　　　　　　　d）

图6—3　心肺复苏——将伤员翻成仰卧姿势

步骤四：打开气道。成人：用仰头举颏法打开气道，使下颌角与耳垂连线垂直于地面90°。如图6—4所示。

步骤五：判断呼吸。一看，看胸部有无起伏；二听，听有无呼吸声；三感觉，感觉有无呼出气流拂面（见图6—5）。重点提示：判断呼吸的时间不能少于5 s。

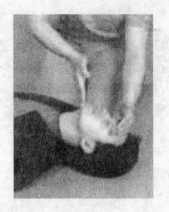

图 6—4　心肺复苏——打开气道　　　　图 6—5　心肺复苏——判断呼吸

　　步骤六：口对口人工呼吸。施救人员将放在伤员前额的手的拇指、食指捏紧伤员的鼻翼，吸一口气，用双唇包严伤员口唇，缓慢持续将气体吹入（见图 6—6）。吹气时间为 1 s 以上。吹气时，伤员胸部隆起即可，避免过度通气，吹气频率为 12 次/min（每 5 s 吹一次）。正常成人的呼吸频率为 12～16 次/min。

a)　　　　　　　　　　　　　　b)

图 6—6　心肺复苏——口对口人工呼吸

　　步骤七：胸外心脏按压。按压方法如下：

　　（1）施救人员用一手中指沿伤员一侧肋弓向上滑行至两侧肋弓交界处，食指、中指并拢排列，另一手掌根紧贴食指置于伤员胸部。如图 6—7 所示。

（2）施救人员双手掌根同向重叠，十指相扣，掌心翘起，手指离开胸壁，双臂伸直，上半身前倾，以膝关节为支点，垂直向下、用力、有节奏地按压 30 次。如图 6—8 所示。

 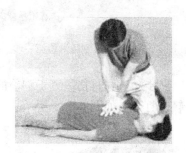

图 6—7　心肺复苏——胸外 心脏按压第一步　　　　图 6—8　心肺复苏——胸外 心脏按压第二步

按压与放松的时间相等，下压深度 4～5 cm，放松时保证胸壁完全复位，按压频率 100 次/min。正常成人脉搏每分钟 60～100 次。

重要提示：按压与通气之比为 30∶2，做 5 个循环后可以观察一下伤员的呼吸和脉搏。

2. 心肺复苏有效指征

伤员面色、口唇由苍白、青紫变红润；恢复自主呼吸及脉搏搏动；眼球活动，手足抽动，呻吟。

二、复原（侧卧）位

心肺复苏成功后或无意识但恢复呼吸及心跳的伤员，将其翻转为复原（侧卧）位。

步骤一：施救人员位于伤员一侧，将靠近自身的伤员的手臂肘关节屈曲成 90°，置于头部侧方。另一手肘部弯曲置于胸前。如图 6—9 所示。

步骤二：将伤员远离施救人员一侧的下肢屈曲，施救人员一手抓住伤员膝部，另一手扶住伤员肩部，轻轻将伤员翻转成侧卧姿势。如图 6—10 所示。

图 6—9　复原（侧卧）位第一步　　　图 6—10　复原（侧卧）位第二步

步骤三：将伤员置于胸前的手掌心向下，放在面颊下方，将气道轻轻打开。如图 6—11 所示。

a)　　　　　　　　　　　　　　　b)

图 6—11　复原（侧卧）位第三步

三、创伤救护

创伤是各种致伤因素造成的人体组织损伤和功能障碍。轻者造成体表损伤，引起疼痛或出血；重者导致功能障碍、残疾，甚至死亡。

创伤救护包括止血、包扎、固定、搬运四项技术。

遇到出血、骨折的伤员，施救人员首先要保持镇静，做好自我保护，迅速检查伤情，快速处理伤病员，同时拨打急救电话。

1. 止血技术

出血，尤其是大出血，属于外伤的危重急症，若抢救不及时，伤员会有生命危险。止血技术是外伤急救技术之首。

现场止血方法常用的有四种，使用时根据创伤情况，可以使用一种，也可以将几种止血方法结合一起应用，以达到快速、有效、安全的止血目的。

（1）指压止血法。直接压迫止血：用清洁的敷料盖在出血部位上，直接压迫止血。间接压迫止血：用手指压迫伤口近心端的动脉，阻断动脉血运行，能达到快速止血的目的。如图6—12所示。

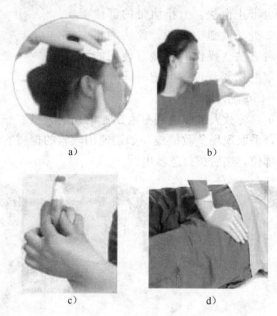

图6—12　间接压迫止血情况

（2）加压包扎止血法。用敷料或其他洁净的毛巾、手绢、三角巾等覆盖伤口，加压包扎达到止血目的。如图6—13所示。

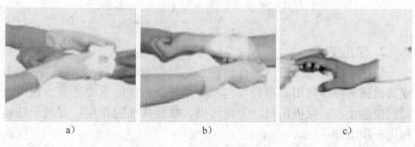

图6—13　加压包扎止血法

（3）填塞止血法。用消毒纱布、敷料（如果没有，用干净的布料替代）填塞在伤口内，再用加压包扎法包扎（见图6—14）。重点提示：施救人员只能填塞四肢的伤口。

（4）止血带止血法。上止血带的部位在上臂上1/3处、大腿中上段，此法为止血的最后一种方法，操作时要注意使用的材料、止血带的松紧程度、标记时间等问题。如图6—15所示。

图6—14 填塞止血法

重点提示：施救人员如遇到有大出血的伤病人员，一定要立即寻找急救用品，采取现场急救措施，如迅速用较软的棉质衣物等直接用力压住出血部位，然后拨打急救电话。

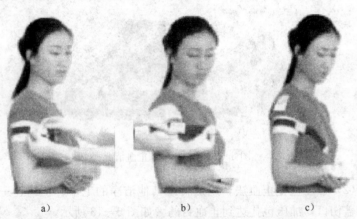

a)　　　　　　　　b)　　　　　　　　c)

图6—15 止血带止血法

2. 包扎技术

快速、准确地将伤口用自粘贴、尼龙网套、纱布、绷带、三角巾或其他现场可以利用的布料等包扎，是外伤救护的重要环节。它可以起到快速止血、保护伤口、防止污染、减轻疼痛的作用，有利于转运和进一步治疗。

（1）绷带包扎

①手部"8"字包扎（见图6—16），它也同样适用于肩、肘、膝关节、踝关节的包扎。

②螺旋包扎。适用于四肢部位的包扎，对于前臂及小腿，由于肢体上下粗细不等，采用螺旋反折包扎，效果会更好。如图6—17所示。

图6—16 手部"8"字包扎 　　　图6—17 螺旋包扎

（2）三角巾包扎

①头顶帽式包扎：适用于头部外伤的伤员。如图6—18所示。

  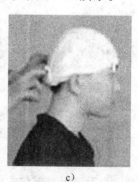

a) 　　　　　　　　b) 　　　　　　　　c)

图6—18 头顶帽式包扎

②肩部包扎：适用于肩部有外伤的伤员，如图6—19所示。

③胸背部包扎：适用于前胸或后背有外伤的伤员，如图6—20所示。

图 6—19　肩部包扎　　　　图 6—20　胸背部包扎

　　④腹部包扎：适用于腹部或臀部有外伤的伤员。如图 6—21 所示。

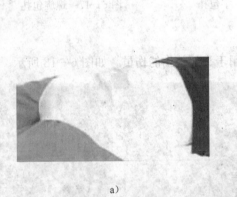

a)　　　　　　　　　　　b)

图 6—21　腹部包扎

　　⑤手（足）部包扎：适用于手或足有外伤的伤员，包扎时一定要将指（趾）分开。如图 6—22 所示。

　　⑥膝关节包扎：同样适用于肘关节的包扎，比绷带包扎更省时，包扎面积大且牢固。如图 6—23 所示。

　　重点提示：在事发现场，施救人员遇到有人受伤时，应尽快选择合适的材料对伤员进行简单包扎，然后拨打 120 或 999。

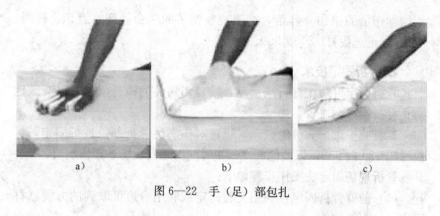

图 6—22　手（足）部包扎

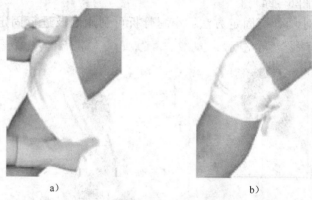

图 6—23　膝关节包扎

3. 特殊伤的处理

（1）颅脑伤。颅脑损伤脑组织膨出时，可用保鲜膜、软质的敷料盖住伤口，再用干净碗扣住脑组织，然后包扎固定，伤员取仰卧位，头偏向一侧，保持气道通畅。

（2）开放性气胸。应立即封闭伤口，防止空气继续进入胸腔，用不透气的保鲜膜、塑料袋等敷料盖住伤口，再垫上纱布、毛巾包扎，伤员取半卧位。

（3）异物插入。无论异物插入眼球还是插入身体其他部位，严禁将异物拔除，应将异物固定好，再进行包扎。

重点提示：对于特殊伤的处理，施救人员一定要掌握好救护原则，不增加伤员的损伤及痛苦，严密观察伤员的生命体征（意识、呼吸、心跳），迅速拨打 120 或 999。

4. 骨折固定技术

骨折固定可防止骨折端移动，减轻伤病员的痛苦，也可以有效地防止骨折端损伤血管、神经。

尽量减少对伤病员的搬动，迅速对伤病员骨折部位进行固定，尽快呼叫 120 或 999，以便他们在最短时间内赶到现场处理伤病员。

骨折现场固定法操作步骤如下：

（1）前臂骨折固定：利用夹板固定或利用身边可取到的方便器材固定（见图 6—24）。

（2）小腿骨折固定方法：小腿骨折可利用健肢进行固定（见图 6—25）。

图 6—24　前臂骨折固定　　　　图 6—25　小腿骨折固定

（3）骨盆骨折固定，如图 6—26 所示。

图 6—26　骨盆骨折固定

5. 搬运技术

经现场必要的止血、包扎和固定后，方能搬运和护送伤员，按照伤情严重者优先、中等伤情者次之、轻伤者最后的原则搬运。

搬运伤员可根据伤病员的情况，因地制宜，选用不同的搬运工具和方法。在搬运全过程中，要随时观察伤病员的表情，监测其生命体征，遇有伤病情恶化的情况，应该立即停止搬运，就地救治。

搬运方法：可选用单人搬运、双人搬运及制作简易担架搬运，担架可选用椅子、门板、毯子、衣服、大衣、绳子、竹竿、梯子等代替。对怀疑有脊柱骨折的伤员必须采用"圆木"原则进行搬运，使脊柱保持中立。

习题六

一、判断题

1. 无论异物插入眼球还是插入身体其他部位，严禁将异物拔除，应将异物固定好，再进行包扎。（　　）

2. 在做好口对口人工呼吸时，救援者对伤员做吹氧动作和直接吸气动作。（　　）

3. 经现场必要的止血、包扎和固定后，方能搬运和护送伤员，按照伤情严重者优先、中等伤情者次之、轻伤者最后的原则搬运。（　　）

4. 现场止血方法常用的有三种，包括指压止血法、加压包扎止血法和止血带止血法。（　　）

5. 施救人员将放在伤病员前额的手的拇指、食指捏紧伤病员的鼻翼，吸一口气，用双唇包严伤员口唇，快速将气体吹入。（　　）

6. 正常成人的呼吸频率为 12～16 次/min，脉搏每分钟 60～100 次。（　　）

7. 对伤员实施侧卧位时，施救人员位于伤员一侧，将靠近自身的伤员的手臂肘关节屈曲成 90°，置于头部侧方；另一手肘部弯曲置于胸前。（　　）

8. 伤病员如有外伤骨折等，施救人员应简单地进行伤口包扎（急

救包）和骨折固定，怀疑脊柱骨折时要正确地固定、搬运，以免加重损伤。（　　）

9. 对伤员实施一次心肺复苏术后，若伤员未出现有效症状，施救人员可以停止继续实施心肺复苏术。（　　）

10. 对昏迷伤员进行意识判断时，施救人员应使劲拍打伤员肩膀，并高声呼喊使其恢复意识。（　　）

11. 对中毒昏迷伤员施救时，应将其放置于柔软的平台上，使其躺着舒服，不应放置于坚硬的平地上。（　　）

12. 对伤员实施人工吹气时，施救人员应保证伤员鼻子开放，保持通畅。（　　）

13. 实施胸外心脏按压时，施救人员双手掌根同向重叠，十指相扣，掌心翘起，手指离开胸壁，双臂伸直，上半身前倾，以髋关节为支点，垂直向下、用力、有节奏地按压，期间掌根不得离开原来位置。（　　）

14. 指压止血法分为直接压迫止血和间接压迫止血。（　　）

15. 间接压迫止血就是用手指压迫伤口远心端的动脉，阻断动脉血运，能达到快速止血的目的。（　　）

16. 绷带"8"字包扎适用于手、肩、肘、膝关节及踝关节的包扎。（　　）

17. 止血包扎时，应紧绕止血带，并打死结。（　　）

18. 疑胸腰椎骨折外伤时，伤者平卧在硬板床上，身体两侧用衣物、砖头等塞紧，固定脊柱在正直位；转运伤员途中，适当调整脊柱和肢体位置，加强途中救护。（　　）

19. 对砸伤伤员的救护，最有效的方法是热敷。（　　）

20. 有毒有害气体中毒人员救护时，应先使伤员脱离有毒有害气体危险环境。（　　）

21. 受限空间作业时，由于作业环境比较狭窄，通风条件差，有毒有害气体易富集，易发生急性中毒、缺氧窒息、坠落时外伤等事故。（　　）

22. 事故应急救援的总目标是通过有效的应急救援行动，尽可能地降低事故的后果，包括人员伤亡、财产损失和环境破坏等。（　　）

23. 应急救援可分为非进入式救援和进入式救援。（　　）

24. 应急培训包括应急知识教育与应急技能教育两方面。（　　）

25. 应急预案体系由综合应急预案、专项应急预案组成。（　　）

26. 应急救援的基本原则是在做好安全措施情况下进行救援。（　　）

27. 应急预案内容不仅要包括应急处置，还要包括预防预警、恢复重建；不仅要有应对措施，还要有组织体系、响应机制和保障手段。（　　）

28. 《生产经营单位安全生产事故应急预案编制导则》（AQ/T9002—2006）是由国家安全生产监督管理总局于 2006 年 10 月 20 日发布的安全生产行业标准，2006 年 11 月 1 日正式实施。（　　）

29. 应急预案是各类突发事故的应急基础。（　　）

30. 应急演练包括桌面演练、功能演练和现场处置演练多种演练类型。（　　）

31. 桌面演练在三种演练类型中成本较高。（　　）

32. 企业开展应急演练过程可划分为演练准备、演练实施和演练总结三个阶段。（　　）

33. 现场处置方案是针对具体的装置、场所或设施、岗位所制定的应急处置措施。现场处置方案应具体、简单、针对性强。（　　）

二、单选题

1. 关于应急救援原则，（　　）是错误的。

　　A. 尽可能施行非进入救援

　　B. 救援人员未经授权，不得进入受限空间进行救援

　　C. 根据受限空间的类型和可能遇到的危害，决定需要采用的应急救援方案

　　D. 发生事故时，为节省时间救援人员应立即进入受限空间实施救援，不必获取审批

2. 应急救援的方式分为（　　）。

　　A. 自救　　　　　　　　　　B. 非进入式救援

　　C. 进入式救援　　　　　　　D. 以上均正确

3. 心肺复苏通常采用（　　）。

　　A. 人工呼吸和开放气道　　　B. 开放气道和胸外按压

C. 口对口呼吸法和胸外按压法　　D. 创伤救护和人工呼吸

4. 在进行心肺复苏术时，口对口人工呼吸吹气频率为（　　）次/min。

    A. 10　　　　B. 12　　　　C. 14　　　　D. 15

5. 对伤员实施心肺复苏时，按压与通气之比为（　　）。

    A. 15：2　　B. 30：2　　C. 15：1　　D. 30：1

6. 对伤员实施胸外心脏按压时，按压频率（　　）次/min。

    A. 30　　　　B. 60　　　　C. 70　　　　D. 100

7. 实施心肺复苏术时，做（　　）个循环后可以观察一下伤病员的呼吸和脉搏。

    A. 1　　　　B. 3　　　　C. 5　　　　D. 7

8. 心肺复苏有效指征包括（　　）。

    A. 伤病员面色、口唇由苍白、青紫变红润

    B. 恢复自主呼吸及脉搏搏动

    C. 眼球活动，手足抽动，呻吟

    D. 以上均正确

9. 救援人员将作业人员救出受限空间后应放在（　　）上，并松开其衣服的领扣、裤带扣，以保持呼吸通畅。

    A. 坚硬平地　　B. 水泥地　　C. 木板　　　　D. 以上均正确

10. 心肺复苏成功与否的关键是（　　）。

    A. 按压深度　　B. 时间　　　C. 按压频率　　D. 吹气频率

11. 对成人伤员实施胸外心脏按压时，按压深度应为（　　）cm。

    A. 2～3　　　　B. 3～4　　　　C. 4～5　　　　D. 5～6

12. 创伤救护包括止血、包扎、（　　）、搬运四项技术。

    A. 人工呼吸　　B. 胸外按压　　C. 止痛　　　D. 固定

13. 判断伤员有无呼吸的方法有（　　）。

    A. 看胸部有无起伏　　　　　　　B. 听有无呼吸声

    C. 感觉有无呼出气流拂面　　　　D. 以上均正确

14. （　　）技术是外伤急救技术之首。

    A. 止血　　　　B. 包扎　　　　C. 固定　　　　D. 搬运

15. 以下（　　）情况应采取最高级别防护措施后方可进入受限空间实施救援。

A. 受限空间内有害环境性质未知

B. 缺氧或无法确定是否缺氧

C. 空气污染物浓度未知、达到或超过 IDLH 浓度

D. 以上情况均应采取最高级别防护措施

16. 据统计，60％以上因进行受限空间作业而致死的人员发生在施救人员身上。营救人员发生致命意外的原因主要有（　　）。

A. 由于事发紧急，容易导致营救人员情绪紧张以致失误

B. 冒险、侥幸等不安全心理因素作用

C. 缺乏受限空间作业事故应急救援培训

D. 以上均正确

17. 应用口对口人工呼吸法抢救伤员时，吹气与换气交替进行，大约每（　　）秒重复一次。

A. 1　　　　　　B. 5　　　　　　C. 10　　　　　　D. 20

18. 有关骨折急救处理，（　　）是错误的。

A. 首先应止血及包扎伤口

B. 无夹板时，可用树枝、木棍等临时固定支架

C. 可将伤员上肢缚于胸壁侧面，下肢两腿绑在一起固定

D. 搬运脊椎骨折伤员时，应采取一人抱肩、一人抬腿的方法

19. 对于硫化氢中毒的人员，错误的救护方法是（　　）。

A. 让病人留在原地　　　　　B. 使病人呼吸道畅通

C. 拨打 120 急救电话　　　　D. 立即实施心肺复苏抢救

20. 用直接压迫法止血，（　　）是错误的。

A. 用消毒纱布或清洁的织物、纸等敷在伤口上

B. 用手压迫

C. 把受伤的手臂或下肢抬高，超过心脏水平线

D. 用绷带紧紧绑扎

21. 应急救援的方式中最佳的选择是（　　）。

A. 自救　　B. 非进入式救援　　C. 进入式救援　　D. 报警

22. 下列不属于应急培训内容的是（　　）。

A. 应急意识培训　　　　　B. 应急知识教育

C. 应急技能教育　　　　　D. 应急演练

23. 应急预案应形成体系，针对各级各类可能发生的事故和所有危险源应制定综合应急预案、专项应急预案和（　　）。

　　A. 现场应急处置方案　　　　B. 整体应急预案

　　C. 重点应急预案　　　　　　D. 关键应急预案

24. 企业应急预案至少（　　）进行一次演练，并不断进行修改完善。

　　A. 半年　　　B. 一年　　　C. 两年　　　D. 三年

25. 事故类型和危害程序分析指在（　　）的基础上，对受限空间可能发生的事故类型及严重程度进行确定。

　　A. 现状分析　　　　　　　　B. 综合评价

　　C. 危险源辨识　　　　　　　D. 危害评估

26. 应急演练的作用，首先是通过演练应能提高参演人员的应急响应能力；其次是通过演练可对（　　）进行检验。

　　A. 应急能力　　　　　　　　B. 应急预案

　　C. 指挥调度　　　　　　　　D. 综合协调

27. 应急演练类型可分为三种，其中（　　）方法成本较低，只需展示有限的应急响应和内部协调活动。

　　A. 桌面演练　　　　　　　　B. 功能演练

　　C. 全面演练　　　　　　　　D. 综合演练

28. （　　）是指针对某响应功能或其中某些应急响应的活动举行的演练活动。

　　A. 桌面演练　　　　　　　　B. 功能演练

　　C. 全面演练　　　　　　　　D. 综合演练

29. （　　）是指针对应急预案中全部或大部分应急响应功能，检验、评价应急组织应急运行能力的演练活动。

　　A. 桌面演练　　　　　　　　B. 功能演练

　　C. 全面演练　　　　　　　　D. 综合演练

30. 演练评估是指演练评估分析人员观察和记录演练活动、对比演练人员表现与演练目标要求的差异，并提出演练改进意见。具体来说，演练评估不可以采用（　　）。

　　A. 评估人员审查　　　　　　B. 演练参加者汇报

C. 综合问答　　　　　D. 召开演练讲评会

31. 事故应急救援的基本任务下述描述不正确的是（　　）。

A. 立即组织营救受害人员，组织撤离或者采取其他措施保护危害区域内的其他人员

B. 迅速控制事态，并对事故造成的危害进行检测、监测，测定事故的危害区域、危害性质及危害程度

C. 消除危害后果，做好现场恢复

D. 按照四不放过原则开展事故调查

32. 事故应急救援的特点不包括（　　）。

A. 不确定性和突发性　　　B. 应急活动的复杂性

C. 后果易猝变、激化和放大　　D. 应急活动时间长

33. 以下哪种情况需要采取最高级别防护措施后方可进入救援？（　　）

A. 受限空间内有害环境性质未知

B. 缺氧或无法确定是否缺氧

C. 空气污染物浓度未知、达到或超过 IDLH 浓度

D. 以上三种都是

34. 重大危险源是指长期地或是临时地生产、搬运、使用或储存危险性物品，且危险物品的数量等于或超过（　　）的单元。

A. 临界量　　　　　B. 物质量

C. 全面演练　　　　D. 综合演练

附　　录

附录 1　受限空间相关法规与标准

一、《缺氧危险作业安全规程》（GB 8958—2006）

1. 范围

本标准规定了缺氧危险作业的定义和安全防护要求。

本标准适用于缺氧危险作业场所及其人员防护。

2. 规范性引用文件

下列文件中的条款通过本标准的引用而成为本标准的条款。凡是注日期的引用文件，其随后所有的修改单（不包括勘误的内容）或修订版均不适用于本标准，然而，鼓励根据本标准达成协议的各方研究是否可使用这些文件的最新版本。凡是不注日期的引用文件，其最新版本适用于本标准。

GB 2894　安全标志

GB 5725　安全网

GB 6095　安全带

GB 6220　长管面具

GB/T 12301　船舱内非危险货物产生有害气体的检测方法

GB 12358　作业环境气体检测报警仪通用技术要求

GB 16556　自给式空气呼吸器

3. 术语和定义

3.1　缺氧　oxygen deficiency atmosphere

作业场所空气中的氧含量低于 0.195 的状态。

3.2　缺氧危险作业　hazardous work in oxygen deficiency atmosphere

具有潜在的和明显的缺氧条件下的各种作业，主要包括一般缺氧危险作业和特殊缺氧危险作业。

3.3　一般缺氧危险作业　general hazardous work in oxygen deficiency atmosphere

在作业场所中的单纯缺氧危险作业。

3.4　特殊缺氧危险作业　toxic hazardous work in oxygen deficiency atmosphere

在作业场所中同时存在或可能产生其他有害气体的缺氧危险作业。

4. 缺氧危险作业场所分类

缺氧危险作业场所分为以下三类：

a) 密闭设备：指船舱、储罐、塔（釜）、烟道、沉箱及锅炉等。

b) 地下有限空间：包括地下管道、地下室、地下仓库、地下工程、暗沟、隧道、涵洞、地坑、矿井、废井、地窖、污水池（井）、沼气池及化粪池等。

c) 地上有限空间：包括酒糟池、发酵池、垃圾站、温室、冷库、粮仓、料仓等封闭空间。

5. 一般缺氧危险作业要求与安全防护措施

5.1　作业前

5.1.1　当从事具有缺氧危险的作业时，按照先检测后作业的原则，在作业开始前，必须准确测定作业场所空气中的氧含量，并记录下列各项：

a) 测定日期；

b) 测定时间；

c) 测定地点；

d) 测定方法和仪器；

e）测定时的现场条件；

f）测定次数；

g）测定结果；

h）测定人员和记录人员。

在准确测定氧含量前，严禁进入该作业场所。

5.1.2 根据测定结果采取相应措施，并记录所采取措施的要点及效果。

5.2 作业中

在作业进行中应监测作业场所空气中氧含量的变化并随时采取必要措施。在氧含量可能发生变化的作业中应保持必要的测定次数或连续监测。

5.3 主要防护措施

5.3.1 监测人员必须装备准确可靠的分析仪器，并且应定期标定、维护，仪器的标定和维护应符合相关国家标准的要求。

5.3.2 在已确定为缺氧作业环境的作业场所，必须采取充分的通风换气措施，使该环境空气中氧含量在作业过程中始终保持在 0.195 以上。严禁用纯氧进行通风换气。

5.3.3 作业人员必须配备并使用空气呼吸器或软管面具等隔离式呼吸保护器具。严禁使用过滤式面具。

5.3.4 当存在因缺氧而坠落的危险时，作业人员必须使用安全带（绳），并在适当位置可靠地安装必要的安全绳网设备。

5.3.5 在每次作业前，必须仔细检查呼吸器具和安全带（绳），发现异常应立即更换，严禁勉强使用。

5.3.6 在作业人员进入缺氧作业场所前和离开时应准确清点人数。

5.3.7 在存在缺氧危险作业时，必须安排监护人员。监护人员应密切监视作业状况，不得离岗。发现异常情况，应及时采取有效的措施。

5.3.8 作业人员与监护人员应事先规定明确的联络信号，并保持有效联络。

5.3.9 如果作业现场的缺氧危险可能影响附近作业场所人员的安

全时，应及时通知这些作业场所。

　　5.3.10　严禁无关人员进入缺氧作业场所，并应在醒目处做好标志。

6. 特殊缺氧危险作业要求与安全防护措施

　　6.1　第5章中的规定均适用于此种作业。

　　6.2　当作业场所空气中同时存在有害气体时，必须在测定氧含量的同时测定有害气体的含量，并根据测定结果采取相应的措施。在作业场所的空气质量达到标准后方可作业。

　　6.3　在进行钻探、挖掘隧道等作业时，必须用试钻等方法进行预测调查。发现有硫化氢、二氧化碳或甲烷等有害气体逸出时，应先确定处理方法，调整作业方案，再进行作业。防止作业人员因上述气体逸出而患缺氧中毒综合征。

　　6.4　在密闭容器内使用氩、二氧化碳或氦气进行焊接作业时，必须在作业过程中通风换气，使氧含量保持在0.195以上。

　　6.5　在通风条件差的作业场所，如地下室、船舱等，配制二氧化碳灭火器时，应将灭火器放置牢固，禁止随便启动，防止二氧化碳意外泄出。在放置灭火器的位置应立明显的标志。

　　6.6　当作业人员在特殊场所（如冷库等密闭设备）内部作业时，如果供作业人员出入的门或窗不能很容易地从内部打开而又无通信、报警装置时，严禁关闭门或窗。

　　6.7　当作业人员在与输送管道连接的密闭设备内部作业时，必须严密关闭阀门，或者装好盲板。输送有害物质的管道的阀门应有人看守或在醒目处设立禁止启动的标志。

　　6.8　当作业人员在密闭设备内作业时，一般应打开出入口的门或盖。如果设备与正在抽气或已经处于负压状态的管路相通时，严禁关闭出入口的门或盖。

　　6.9　在地下进行压气作业时，应防止缺氧空气泄至作业场所。如与作业场所相通的空间中存在缺氧空气，应直接排出，防止缺氧空气进入作业场所。

7. 安全教育与培训

　　7.1　对作业负责人的缺氧作业安全教育应包括如下内容：

7.1.1　与缺氧作业有关的法律法规。

7.1.2　产生缺氧危险的原因、缺氧症的症状、职业禁忌证、防止措施以及缺氧症的急救知识。

7.1.3　防护用品、呼吸保护器具及抢救装置的使用、检查和维护常识。

7.1.4　作业场所空气中氧气的浓度及有害物质的测定方法。

7.1.5　事故应急措施与事故应急预案。

7.2　对作业人员和监护人员的安全教育应包括如下的内容：

7.2.1　缺氧场所的窒息危险性和安全作业的要求。

7.2.2　防护用品、呼吸保护器具及抢救装置的使用知识。

7.2.3　事故应急措施与事故应急预案。

8. 事故应急救援

8.1　对缺氧危险作业场所应制定事故应急救援预案。

8.2　当发现缺氧危险时，必须立即停止作业，让作业人员迅速离开作业现场。

8.3　发生缺氧危险时，作业人员和抢救人员必须立即使用隔离式呼吸保护器具。

8.4　在存在缺氧危险的作业场所，必须配备抢救器具。如：呼吸器、梯子、绳缆以及其他必要的器具和设备，以便在非常情况下抢救作业人员。

8.5　对已患缺氧症的作业人员应立即给予急救和医疗处理。

二、《密闭空间作业职业危害防护规范》GBZ/T 205—2007

1. 范围

本标准规定了密闭空间作业职业危害防护有关人员的职责、控制措施和相关技术要求。

本标准适用于用人单位密闭空间作业的职业危害防护。

2. 规范性引用文件

下列文件中的条款通过本标准的引用而成为本标准的条款。凡是注日期的引用文件，其随后所有的修改单（不包括勘误的内容）或修

订版均不适用于本标准，然而，鼓励根据本标准达成协议的各方研究
是否可使用这些文件的最新版本。凡是不注日期的引用文件，其最新
版本适用于本标准。

　　GB 8958 缺氧危险作业安全规程

　　GB/T 18664 呼吸防护用品的选择、使用与维护

　　GBZ 2.1 工作场所有害因素职业接触限值化学有害因素

3. 术语、定义和缩略语

　　下列术语、定义和缩略语适用于本标准：

　　3.1　立即威胁生命和健康的浓度　immediately dangerous to life
or health concentrations（IDLH）

　　在此条件下对生命立即或延迟产生威胁，或能导致永久性健康损
害，或影响准入者在无助情况下从密闭空间逃生。某些物质对人产生
一过性的短时影响，甚至很严重，受害者未经医疗救治而感觉正常，
但在接触这些物质后 12～72 小时可能突然产生致命后果，如氟烃类化
合物。

　　3.2　有害环境　hazardous atmosphere

　　在职业活动中可能引起死亡、失去知觉、丧失逃生及自救能力、
伤害或引起急性中毒的环境，包括以下一种或几种情形：可燃性气体、
蒸气和气溶胶的浓度超过爆炸下限（LEL）的 10%；空气中爆炸性粉
尘浓度达到或超过爆炸下限；空气中氧含量低于 18% 或超过 22%；空
气中有害物质的浓度超过职业接触限值；其他任何含有有害物浓度超
过立即威胁生命和健康浓度（IDLHs）的环境条件。

　　3.3　密闭空间　confined spaces

　　指与外界相对隔离，进出口受限，自然通风不良，足够容纳一人
进入并从事非常规、非连续作业的有限空间（如炉、塔、釜、罐、槽
车以及管道、烟道、隧道、下水道、沟、坑、井、池、涵洞、船舱、
地下仓库、储藏室、地窖、谷仓等）。经持续机械通风和定时监测，能
保证在密闭空间内安全作业，并不需要办理准入证的密闭空间，称为
无须准入密闭空间（non-permit required confined space）。具有包含可
能产生职业病危害因素，或包含可能对进入者产生吞没，或因其内部
结构易引起进入者落入产生窒息或迷失，或包含其他严重职业病危害

因素等特征的密闭空间称为需要准入密闭空间（简称准入密闭空间）（permit-required confined space）。

3.4　密闭空间管理程序　permit-required confined space program

用人单位密闭空间职业病危害控制的综合计划，包括控制密闭空间的职业病危害，保护劳动者在密闭空间中的安全和健康，劳动者进入密闭空间的操作规范。

3.5　准入条件　acceptable entry conditions

密闭空间必须具备的、能允许劳动者进入并能保证其工作安全的条件。

3.6　准入　entry permit

用人单位提供的允许和限制进入密闭空间的任何形式的书面文件。

3.7　准入程序　permit system

用人单位书面的操作程序，包括进入密闭空间之前的准备、组织，从密闭空间返回和终止后的处理。

3.8　吞没　engulfment

身体淹没于液体或固态流体而导致呼吸系统阻塞窒息死亡，或因窒息、压迫或被碾压而引起死亡。

3.9　进入　entry

人体通过一个入口进入密闭空间，包括在该空间中工作或身体任何一部分通过入口。

3.10　隔离　isolation

通过封闭、切断等措施，完全阻止有害物质和能源（水、电、气）进入密闭空间。

3.11　吊救装备　retrieval system

为抢救受害人员所采用的绳索、胸部或全身的套具、腕套、升降设施等。

3.12　化学物质安全数据清单　material safety data sheet（MSDS）

3.13　作业负责人　entry supervisor

由用人单位确定的密闭空间作业负责人，其职责是决定密闭空间是否具备准入条件，批准进入，全程监督进入作业和必要时终止进入，可以是用人单位负责人、岗位负责人或班组长等人员。

3.14　准入者　authorized entrant

批准进入密闭空间作业的劳动者。

3.15　监护者　attendant

在密闭空间外进行监护或监督的劳动者。

3.16　缺氧环境　oxygen deficient atmosphere

空气中氧的体积百分比低于18%。

3.17　富氧环境　oxygen enriched atmosphere

空气中氧的体积百分比高于22%。

4. 一般职责

4.1　用人单位的职责

4.1.1　按照本规范组织、实施密闭空间作业。制定密闭空间作业职业病危害防护控制计划、密闭空间作业准入程序和安全作业规程，并保证相关人员能随时得到计划、程序和规程。

4.1.2　确定并明确密闭空间作业负责人、准入者和监护者及其职责。

4.1.3　在密闭空间外设置警示标识，告知密闭空间的位置和所存在的危害。

4.1.4　提供有关的职业安全卫生培训。

4.1.5　当实施密闭空间作业前，对密闭空间可能存在的职业病危害进行识别、评估，以确定该密闭空间是否可以准入并作业。

4.1.6　采取有效措施，防止未经允许的劳动者进入密闭空间。

4.1.7　提供合格的密闭空间作业安全防护设施与个体防护用品及报警仪器。

4.1.8　提供应急救援保障。

4.2　密闭空间作业负责人的职责

4.2.1　确认准入者、监护者的职业卫生培训及上岗资格。

4.2.2　在密闭空间作业环境、作业程序和防护设施及用品达到允许进入的条件后，允许进入密闭空间。

4.2.3　在密闭空间及其附近发生不符合准入的情况时，终止进入。

4.2.4　密闭空间作业完成后，在确定准入者及所携带的设备和物品均已撤离后终止准入。

4.2.5　对应急救援服务、呼叫方法的效果进行检查、验证。

4.2.6　对未经准入又试图进入或已进入密闭空间者进行劝阻或责令退出。

4.3　密闭空间作业准入者的职责

4.3.1　接受职业卫生培训，持证上岗。

4.3.2　按照用人单位审核进入批准的密闭空间实施作业。

4.3.3　遵守密闭空间作业安全操作规程；正确使用密闭空间作业安全设施与个体防护用品。

4.3.4　应与监护者进行必要的、有效的安全、报警、撤离等双向信息交流。

4.3.5　在准入的密闭空间作业且发生下列事项时，应及时向监护者报警或撤离密闭空间。

4.3.5.1　已经意识到身体出现危险症状和体征。

4.3.5.2　监护者和作业负责人下达了撤离命令。

4.3.5.3　探测到必须撤离的情况或报警器发出撤离警报。

4.4　密闭空间监护者的职责

4.4.1　具有能警觉并判断准入者异常行为的能力，接受职业卫生培训，持证上岗。

4.4.2　准确掌握准入者的数量和身份。

4.4.3　在准入者作业期间，履行监测和保护职责，保证在密闭空间外持续监护；适时与准入者进行必要的、有效的安全、报警、撤离等信息交流；在紧急情况时向准入者发出撤离警报。监护者在履行监测和保护职责时，不能受到其他职责的干扰。

4.4.4　发生以下情况时，应命令准入者立即撤离密闭空间，必要时，立即呼叫应急救援服务，并在密闭空间外实施应急救援工作。

4.4.4.1　发现禁止作业的条件。

4.4.4.2　发现准入者出现异常行为。

4.4.4.3　密闭空间外出现威胁准入者安全和健康的险情。

4.4.4.4　监护者不能安全有效地履行职责时，也应通知准入者撤离。

4.4.5 对未经允许靠近或者试图进入密闭空间者予以警告并劝离，如果发现未经允许进入密闭空间者，应及时通知准入者和作业负责人。

5. 综合控制措施

用人单位应采取综合措施，消除或减少密闭空间的职业病危害以满足安全作业条件。

5.1 设置密闭空间警示标识，防止未经准入人员进入。

5.2 进入密闭空间作业前，用人单位应当进行职业病危害因素识别和评价。

5.3 用人单位应制订和实施密闭空间职业病危害防护控制计划、密闭空间准入程序和安全作业操作规程。

5.4 提供符合要求的监测、通风、通信、个人防护用品设备、照明、安全进出设施以及应急救援和其他必需设备，并保证所有设施的正常运行和劳动者能够正确使用。

5.5 在进入密闭空间作业期间，至少要安排一名监护者在密闭空间外持续进行监护。

5.6 按要求培训准入者、监护者和作业负责人。

5.7 制定和实施应急救援、呼叫程序，防止非授权人员擅自进入密闭空间进行急救。

5.8 制定和实施密闭空间作业准入程序。

5.9 如果有多个用人单位同时进入同一密闭空间作业，应制定和实施协调作业程序，保证一方用人单位准入者的作业不会对另一用人单位的准入者造成威胁。

5.10 制定和实施进入终止程序。

5.11 当按照密闭空间管理程序所采取的措施不能有效保护劳动者时，应对进入密闭空间作业进行重新评估，并且要修订职业病危害防护控制计划。

5.12 进入密闭空间作业结束后，准入文件或记录至少存档一年。

6. 安全作业操作规程

6.1 密闭空间作业应当满足以下条件：

6.1.1 配备符合要求的通风设备、个人防护用品、检测设备、照明设备、通信设备、应急救援设备。

6.1.2 应用具有报警装置并经检定合格的检测设备对准入的密闭空间进行检测评价；检测、采样方法按相关规范执行。检测顺序及项目应包括：

6.1.2.1 测氧含量。正常时氧含量为 18%～22%，缺氧的密闭空间应符合 GB 8958 的规定，短时间作业时必须采取机械通风。

6.1.2.2 测爆。密闭空间空气中可燃性气体浓度应低于爆炸下限的 10%。对油轮船舶的拆修，以及油箱、油罐的检修，空气中可燃性气体的浓度应低于爆炸下限的 1%。

6.1.2.3 测有毒气体。有毒气体的浓度，须低于 GBZ 2.1 所规定的要求。如果高于此要求，应采取机械通风措施和个体防护措施。

6.1.3 当密闭空间内存在可燃性气体和粉尘时，所使用的器具应达到防爆的要求。

6.1.4 当有害物质浓度大于 IDLH 浓度，或虽经通风但有毒气体浓度仍高于 GBZ 2.1 所规定的要求，或缺氧时，应当按照 GB/T 18664 要求选择和佩戴呼吸性防护用品。

6.1.5 所有准入者、监护者、作业负责人、应急救援服务人员须经培训考试合格。

6.2 对密闭空间可能存在的职业病危害因素进行检测、评价。

6.3 隔离密闭空间注意事项。

6.3.1 封闭危害性气体或蒸气可能回流进入密闭空间的其他开口。

6.3.2 采取有效措施防止有害气体、尘埃或泥土、水等其他自由流动的液体和固体涌入密闭空间。

6.3.3 将密闭空间与一切不必要的热源隔离。

6.4 进入密闭空间作业前，应采取水蒸气清洁、惰性气体清洗和强制通风等措施，对密闭空间进行充分清洗，以消除或者减少存于密闭空间内的职业病有害因素。

6.4.1 水蒸气清洁。

6.4.1.1 适于密闭空间内水蒸气挥发性物质的清洁。

6.4.1.2 清洁时，应保证有足够的时间彻底清除密闭空间内的有害物质。

6.4.1.3　清洁期间，为防止密闭空间内产生危险气压，应给水蒸气和凝结物提供足够的排放口。

6.4.1.4　清洁后，应进行充分通风，防止密闭空间因散热和凝结而导致任何"真空"。在准入者进入高温密闭空间前，应将该空间冷却至室温。

6.4.1.5　清洗完毕，应将密闭空间内所有剩余液体适当排出或抽走，及时开启进出口以便通风。

6.4.1.6　水蒸气清洁过的密闭空间长时间未启用，启用时应重新进行水蒸气清洁。

6.4.1.7　对腐蚀性物质或不易挥发物质，在使用水蒸气清洁之前，应用水或其他适合的溶剂或中和剂反复冲洗，进行预处理。

6.4.2　惰性气体清洗。

6.4.2.1　为防止密闭空间含有易燃气体或蒸发液在开启时形成有爆炸性的混合物，可用惰性气体（例如氮气或二氧化碳）清洗。

6.4.2.2　用惰性气体清洗密闭空间后，在准入者进入或接近前，应当再用新鲜空气通风，并持续测试密闭空间的氧气含量，以保证密闭空间内有足够维持生命的氧气。

6.4.3　强制通风。

6.4.3.1　为保证足够的新鲜空气供给，应持续强制性通风。

6.4.3.2　通风时应考虑足够的通风量，保证稀释作业过程中释放出来的危害物质，并满足呼吸供应。

6.4.3.3　强制通风时，应将通风管道伸延至密闭空间底部，有效去除大于空气比重的有害气体或蒸气，保持空气流通。

6.4.3.4　一般情况下，禁止直接向密闭空间输送氧气，防止空气中氧气浓度过高导致危险。

6.5　设置必要的隔离区域或屏障。

6.6　保证密闭空间在整个准入期内始终处于安全卫生受控状态。

7. 密闭空间作业的准入管理

7.1　作业负责人对满足 6.1 的密闭空间签署准入证，准入者方可进入密闭空间。

7.2 应保证所有的准入者能够及时获得准入，使准入者能够确信进入前的准备工作已经完成。

7.3 准入时间不能超过完成特定工作所需时间（按时完成工作，离开现场，避免由于超时引起的危害）。

7.4 密闭空间的作业一旦完成，所有准入者及所携带的设备和物品均已撤离，或者在密闭空间及其附近发生了准入所不容许的情况，要终止进入并注销准入证。

7.5 用人单位应将注销的准入证至少保存一年；在准入证上记录在进入作业中碰到的问题，以用于评估和修订密闭空间作业准入程序。

8. 密闭空间职业病危害评估程序

8.1 在批准进入前，应对密闭空间可能存在的职业病危害进行检测、评价，以判定是否具备 6.1 要求的准入条件。

8.2 按照测氧、测爆、测毒的顺序测定密闭空间的危害因素。

8.3 持续或定时监测密闭空间环境，确保容许作业的安全卫生条件。

8.4 确保准入者或监护者能及时获得检测结果。

8.5 如果准入者或监护者对评估结果提出质疑，可要求重新评估；用人单位应当接受质疑，并按要求重新评估。

8.6 对环境有可能发生变化的密闭空间应重新进行评估。

8.6.1 当无须准入密闭空间因某种有害物质浓度增加时，应重新评估，必要时应将其划入准入密闭空间。

8.6.2 如果用人单位将准入密闭空间重新划归为无须准入密闭空间，应按如下程序进行：

8.6.2.1 如果准入密闭空间没有职业病危害因素，或不进入就能将密闭空间内的有害物质消除，可以将准入密闭空间重新划归无须准入密闭空间。

8.6.2.2 如果检测和监督结果证明准入密闭空间各种危害已经消除，准入密闭空间应当重新划归无须准入密闭空间。

8.6.3 用人单位应当保存职业病危害因素已经消除的证明材料，证明材料包括日期、空间位置、检测结果和颁发者签名，并保证准入者或监护者能够得到。

8.6.4　如果重新划入无须准入密闭空间后，有害因素浓度增加，所有在此空间的准入者应当立即离开，并应重新评估和决定是否将此空间划入准入密闭空间。

9. 与密闭空间作业相关人员的安全卫生防护培训

9.1　用人单位应当培训准入者、监护者和作业负责人，使其掌握在密闭空间作业所需要的安全卫生知识和技能。

9.2　出现下列情况时应对准入者进行培训。

9.2.1　上岗前。

9.2.2　换岗前。

9.2.3　当密闭空间的职业病危害因素发生变化时。

9.2.4　用人单位如果认为密闭空间作业程序出现问题，或准入者未完全掌握操作程序时。

9.2.5　制定和发布最新作业程序文件时。

9.3　培训结束后，应当颁发培训合格证书，合格证书应当包括准入者的姓名、培训内容、培训人签名和培训日期。

10. 呼吸器具的正确使用

10.1　用人单位应当只允许健康状况适宜佩戴呼吸器具者使用呼吸器具进入密闭空间及进行有关的工作。

10.2　根据进入密闭空间作业时间的长短、消耗、最长工作周期、估计逃生所需的时间及其他因素，选择适合的呼吸器具和相应的报警器具。

10.3　呼吸器具所供应的空气质量应符合最新国家标准。

10.4　供气式呼吸器的供气流量应保证面罩内保持正气压。

10.5　采取预防措施防止空气在输送过程中受到污染。

10.5.1　空气呼吸器具应依照制造商的指示进行保养。

10.5.2　空气气源应避免导入已受污染的空气。供气质量应适合呼吸，不容许直接使用工业用途的气源。

10.5.3　所有在密闭空间使用的呼吸器具，应当保持良好状态。

11. 承包或分包

11.1　用人单位委托承包商（或分包商）从事密闭空间工作时，

应当签署委托协议。

11.1.1 告知承包商（或分包商）工作场所包含密闭空间，要求承包商、分包商制订准入计划，并保证密闭空间达到本标准的要求后，方可批准进入。

11.1.2 评估承包商（或分包商）的能力，包括识别危害和密闭空间工作的经验。

11.1.3 评估承包商（或分包商）是否具有承包单位所实施保护准入者预警程序的能力。

11.1.4 评估承包商（或分包商）是否制定与承包单位相同的作业程序。

11.1.5 在合同书中详细说明有关密闭空间管理程序，密闭空间作业所产生或面临的各种危害。

11.2 承包商（或分包商）除遵守用人单位密闭空间的要求外，还应当从用人单位获得密闭空间的危害因素资料和进入操作程序文件并制定与用人单位相同的进入作业程序文件。

12. 密闭空间的应急救援要求

12.1 用人单位应建立应急救援机制，设立或委托救援机构，制定密闭空间应急救援预案，并确保每位应急救援人员每年至少进行一次实战演练。

12.2 救援机构应具备有效实施救援服务的装备；具有将准入者从特定密闭空间或已知危害的密闭空间中救出的能力。

12.3 救援人员应经过专业培训，培训内容应包括基本的急救和心肺复苏术，每个救援机构至少确保有一名人员掌握基本急救和心肺复苏术技能，还要接受作为准入者所要求的培训。

12.4 救援人员应具有在规定时间内在密闭空间危害已被识别的情况下对受害者实施救援的能力。

12.5 进行密闭空间救援和应急服务时，应采取以下措施：

12.5.1 告知每个救援人员所面临的危害。

12.5.2 为救援人员提供安全可靠的个人防护设施，并通过培训使其能熟练使用。

12.5.3 无论准入者何时进入密闭空间，密闭空间外的救援均应使用吊救系统。

12.5.4　应将化学物质安全数据清单或所需要的类似书面信息放在工作地点，如果准入者受到有毒物质的伤害，应当将这些信息告知处理暴露者的医疗机构。

12.6　吊救系统应符合以下条件：

12.6.1　每个准入者均应使用胸部或全身套具，绳索应从头部往下系在后背中部靠近肩部水平的位置，或能有效证明从身体侧面也能将工作人员移出密闭空间的其他部位。在不能使用胸部或全身套具，或使用胸部或全身套具可能造成更大危害的情况下，可使用腕套，但须确认腕套是最安全和最有效的选择。

12.6.2　在密闭空间外使用吊救系统救援时，应将吊救系统的另一端系在机械设施或固定点上，保证救援者能及时进行救援。

12.6.3　机械设施至少可将人从 1.5 m 的密闭空间中救出。

13. 准入证的格式要求应主要包括以下内容：

13.1　准入的空间名称。

13.2　进入的目的。

13.3　进入日期和期限。

13.4　准入者名单。

13.5　监护者名单。

13.6　作业负责人名单。

13.7　密闭空间可能存在的职业病危害因素。

13.8　进入密闭空间前拟采取的隔离、消除或控制职业病危害的措施。

13.9　准入的条件。

13.10　进入前和定期检测结果。

13.11　应急救援服务和呼叫方法。

13.12　进入作业过程中准入者与监护者保持联络的程序。

13.13　按要求提供的设备清单，如个人防护用品、检测设备、交流设备、报警系统、救援设备等。

13.14　其他保证安全的必要信息，包括特定的环境信息，特殊的准入，如热工作业准入等也要注明。

三、《涂装作业安全规程有限空间作业安全技术要求》（GB 12942—2006）

1. 范围
本标准规定了在有限空间内进行涂装、热工作业的一般安全技术要求。

2. 规范性引用文件
下列文件中的条款通过本标准的引用而成为本标准的条款。凡是注日期的引用文件，其随后所有的修改单（不包括勘误的内容）或修订版均不适用于本标准，然而，鼓励根据本标准达成协议的各方研究是否可使用这些文件的最新版本。凡是不注日期的引用文件，其最新版本适用于本标准。

GB 2893 安全色（GB 2893—2001，neqISO 3864：1984）

GB 2894 安全标志（GB 2894—1996，neqISO 3864：1984）

GB /T 3805 特低电压（ELV）限值（GB/T 3805—1993，egvIEC 1201）

GB 3836.2 爆炸性气体环境用电气设备第 2 部分：防爆型"d"（GB 3836.2—2000，egv IEC60079—1：1990）

GB 6514—1995 涂装作业安全规程涂漆工艺安全及其通风净化

GB 7691—2003 涂装作业安全规程安全管理通则

GB 7692 涂装作业安全规程涂漆前处理工艺安全及其通风净化

GB 8958 缺氧危险作业安全规程

GB/T 11651 劳动防护用品选用规则

GB/T 14441—1993 涂装作业安全规程术语

GB 14444 涂装作业安全规程喷漆室安全技术规定

GB/T 15236—1994 职业安全卫生术语

GB 50034 工业企业照明设计标准

GBJ 16 建筑设计防火规范

GBJ 140 建筑灭火器配置设计规范

CB 3381 船舶涂装作业安全规程

3. 术语与定义

GB/T 14441—1993 和 GB/T 15236—1994 中规定的及下列术语和定义适用于本标准。

3.1 有限空间 confineds paces

仅有 1~2 个人孔,即进出口受到限制的密闭、狭窄、通风不良的分隔间,或深度大于 1.2 m 封闭或敞口的通风不良空间。

3.2 热工作业 hotwork

仅指焊接、气割及能产生明火、火花或灼热工艺的作业。

3.3 有害物质 harmful substances

化学的、物理的、生物的等能危害职工健康的所有物质的总称。

4. 基本要求

4.1 作业前准备

4.1.1 作业人员必须持有有限空间作业许可证,检测(或验证)有限空间及有害物质浓度后才能进入有限空间。

4.1.2 应备有检测仪器,并设置相应的通风设备,按 GB/T 11651 规定发放个人防护用具。

4.1.3 将通入有限空间内的工艺管道断开,严禁堵塞通向有限空间外大气的阀门。

4.1.4 有限空间必须牢固,防止侧翻、滚动及坠落。在容器制造时,因工艺要求有限空间必须转动时,应限制最高转速。

4.1.5 必须将有限空间内液体、固体沉积物及时清除处理,或采用其他适当介质进行清洗、置换,且保持足够的通风量,将危险有害的气体排出有限空间,同时降温,直至达到安全作业环境。

4.1.6 有限空间外敞面周围应有便于采取急救措施的通道和消防通道,通道较深的有限空间必须设置有效的联络方法。

4.1.7 在有限空间内高处作业时必须设置脚手架,并固定牢;作业人员必须佩戴安全带和安全帽。

4.2 作业安全与卫生

4.2.1 必须对空气中含氧量进行现场监测,在常压条件下,有限空间的空气中含氧量应为 19%~23%,若空气中含氧量低于 19%,应有报警信号。

4.2.2　必须对现场的可燃性气体浓度进行监测。有限空间空气中可燃性气体浓度应低于其爆炸下限的 10%。对船舶的货油舱、燃油舱和滑油舱的检修、拆修，以及油箱、油罐的检修，有限空间空气中可燃性气体浓度应低于其爆炸下限的 1%。

4.2.3　当必须进入缺氧的有限空间作业时，应符合 GB 8958 规定。凡进行作业时，均必须采取机械通风，避免出现急性中毒。

4.2.4　根据作业环境和有害物质的情况，应按 GB/T 11651 规定分别采用头部、眼睛、皮肤及呼吸系统的有效防护用具。在有条件的情况下，可选用国外已大量采用的个人呼吸系统或用遥控机械人作业。

4.2.5　进入有限空间从事涂装作业的人员要严格按照 GB/T 11651 规定着装，所发放个人防护用具应符合 GB/T 11651 的规定，个人防护用具应由单位集中保管，定期检查，保证其性能有效。

4.2.6　在有限空间进行涂装作业时，应避免各物体间的相互摩擦、撞击、剥离，在喷漆场所不准脱衣服、帽子、手套和鞋等。

4.3　电气设备与照明安全

4.3.1　严禁在有限空间内使用明火照明。

4.3.2　作业区内所有的电气设备、照明设施，应符合 GB 3836.2 规定，实现电气整体防爆。

4.3.3　应采用防爆型照明灯具，电压应符合 GB 3805 规定，照度应符合 GB 50034 规定。

4.3.4　引入有限空间的照明线路必须悬吊架设固定，避开作业空间；照明灯具不许用电线悬吊，照明线路应无接头。

4.3.5　临时照明灯具或手提式照明灯具，除应符合 4.3.3 规定外，灯具与线的连接应采用安全可靠绝缘的重型移动式通用橡胶套电缆线，露出金属部分必须完好连接地线。

4.3.6　潮湿储罐、部分装有液体的储罐和锅炉有水的一侧，必须使用电池、特低电压（12 V）或附有接地保险装置的照明系统。

4.4　机械设备安全

4.4.1　在有限空间内进行作业时，必须将有限空间内具有转动部分的机器设备或转动装置的电源切断，并设置警示牌。

4.4.2　若设备的动力源不能控制，应将转动部分与其他机器联动设备断开。

4.4.3　喷漆高压软管必须无破损，所有软管不得扭结，不准用软管拖、拉设备，软管的金属接头须用绝缘胶带妥善包扎，以避免软管拖动时与钢板摩擦产生火花。

4.4.4　高压喷漆机的接头线，必须完好连接地线，卡紧装置必须可靠。

4.5　通风

4.5.1　有限空间必须设置机械通风，使之符合 4.2.1、4.2.2 的规定。严禁使用纯氧进行通风换气。

4.5.2　有限空间的吸风口应放置在下部。当存在与空气密度相同或小于空气密度的污染物时，还应在顶部增设吸风口。

5. 涂装、热工作业安全

5.1　涂装作业安全

5.1.1　涂装前处理作业应符合 GB 7692 有关规定。

5.1.2　涂装工艺安全应符合 GB 6514—1995 中第一篇的有关规定。

5.1.3　涂装作业的警戒区：

a）在有限空间外敞面，根据具体要求应设置警戒区、警戒线、警戒标志。其设置要求，应分别符合 GBJ 16、GB 2893 和 GB 2894 的规定。未经许可，不得入内。严禁火种或可燃物落入有限空间。

b）警戒区内应按 GBJ 140 设置灭火器材，专职安全员应定期检查，以保持有效状态；专职安全员和消防员应在警戒区定时巡回检查、监护安全生产。

c）涂装作业完毕后，必须继续通风并至少保持到涂层实干后方可停止。在停止通风 10 min 后，最少每隔 1 h 检测可燃性气体浓度一次，直到符合 4.2.2 规定，方可拆除警戒区。

5.1.4　在有限空间进行涂装作业时，场外必须有人监护，遇有紧急情况，应立即发出呼救信号。

5.1.5　在仅有顶部出入口的有限空间内进行涂装作业的人员，除佩戴个人防护用品外，还必须腰系救生索，以便在必要时由外部监护人员拉出有限空间。

5.1.6 涂装作业完毕后，剩余的涂料、溶剂等物，必须全部清理出有限空间，并存放到指定的安全地点。

5.1.7 在有限空间进行涂装作业时，不论是否存在可燃性气体或粉尘，都应严禁携带能产生烟气、明火、电火花的器具或火种进入有限空间。

5.2 热工作业安全

5.2.1 必须同时持有有限空间作业许可证和动火证方可进入有限空间内进行热工作业，并应采取轮换工作制及监护措施。

5.2.2 在有限空间进行热工作业时，场外必须有人监护，遇有紧急情况，应立即发出呼救信号。

5.2.3 在仅有顶部出入口的有限空间进行热工作业的人员，除佩戴个人防护用品外，还必须腰系救生索，以便在必要时由外部监护人员拉出有限空间。

5.2.4 在所有管道和容器内部不容许残留可燃物质，其有限空间内可燃气体浓度应符合 4.2.2 的规定，方可作业。

5.2.5 在有限空间内或有限空间邻近处需进行涂装作业和热工作业时，一般先进行热工作业，后进行涂装作业，严禁同时进行两种作业。

5.2.6 带进有限空间的用于气割、焊接作业的氧气管、乙炔管、割炬（割刀）及焊枪等物必须随作业人员离开而带出有限空间，不允许留在有限空间内。

5.2.7 在已涂覆底漆（含车间底漆）的工作面上进行热工作业时，必须保持足够通风，随时排除有害物质。

5.2.8 在有限空间进行焊接热工作业时，必须合理组织气流量和通风量，选择有效的吸尘装置，以降低窒息气体的浓度及排除烟雾与粉尘。

5.2.9 在潮湿情况下，电焊作业人员不准接触二次回路的导电体，作业点附近地面上应铺垫良好的绝缘体。

5.2.10 电焊作业人员应按 GB/T 11651 规定着装，必须保持与被焊件之间良好绝缘状态。

6. 安全管理

在有限空间进行作业，除应遵守本标准的规定外，还应遵守 GB 7691 规定。

6.1　作业安全

6.1.1　单位有关部门负责作业安全管理。应给从事有限空间作业的人员颁发作业许可证。有限空间作业许可证须由安全生产负责人签发。

6.1.2　颁发作业许可证，应具备下列条件：

a) 有经培训合格的作业负责人员、监护人员、检测人员和持证作业人员。

b) 有经检验合格的检测仪器。

c) 有符合国家标准、经检验合格的专用防护用具及电气照明设备。

6.1.3　进入有限空间的人员及其携带物品均应逐个清点，并记录时间，完成作业后，经查明无遗留物、无火种后，方可撤离和封孔。

6.1.4　建立每班的作业记录制度，并应备档。

6.2　作业审批

6.2.1　办理有限空间作业许可证，应审查下列内容：

a) 有限空间的作业程序、作业位置、作业内容、作业方法、作业人员、作业负责人、作业监护人和作业的安全对策（包括有限空间可能逃生的路线及采取的相应措施）；

b) 有限空间场所警戒区域的划定及警戒标志设置；

c) 有限空间内部结构示意图（包括设备、管路、电气线路、地沟等分布）；

d) 有害物质的检测方法、应采取的控制措施和救护措施；

e) 通风布置、电气照明设施及个人防护用具；

f) 对有限空间使用的涂料及相关材料，施工单位必须确认易燃、易爆等级并具有相关的安全使用资料。

6.2.2　作业监护：

a) 作业监护人员必须检查作业人员的作业许可证和携带的防护用具并应做好作业监护记录；

b）作业监护人员必须佩戴防护用具，坚守岗位，严密监护；

c）发现作业人员有反常情况或违章操作，作业监护人员应立即纠正，并使其撤离有限空间；

d）作业监护人员不准离开岗位，在监护范围内遇有紧急情况，作业人员发出呼救信号时，作业监护人员应立即发出营救信号，设法营救；

e）应标明作业警戒区。

6.3　作业检查与检测

6.3.1　有限空间作业过程中，必须定时检查空气中含氧量及可燃性气体浓度，以保证作业安全。

6.3.2　有限空间内设备、管道、地沟等封闭情况，应符合 4.1.3 与 4.4.1 规定。

6.3.3　警戒区的布置应符合 5.1.3 规定。

6.3.4　在没有照明的情况下，不准任何人进入有限空间。

6.4　作业人员及安全教育

6.4.1　必须建立作业人员定期体检制度，严禁职业禁忌者及未成年人从事有限空间作业，并应符合 GB 7691—2003 中 18.1，21.2，21.3 的规定。

6.4.2　有限空间作业人员，必须经过专业安全技术教育培训，并符合 GB 7691—2003 中 16.3.1，16.3.2，16.3.3 的规定。

6.4.3　作业前应公布作业方案，对作业内容、危害等进行教育。

6.4.4　对作业人员进行有关职业安全法规、标准和制度的教育。

6.4.5　对紧急情况下的个人避险常识、窒息、中毒及其他伤害的急救知识以及检查救援措施，进行教育。

四、《化学品生产单位受限空间作业安全规范》（AQ 3028—2008）

1. 范围

本标准规定了化学品生产单位受限空间作业安全要求、职责要求和《受限空间安全作业证》的管理。本标准适用于化学品生产单位的受限空间作业。

2. 规范性

引用文件下列文件中的条款通过本标准的引用而成为本标准的条款。凡是注日期的引用文件，其随后所有的修改单（不包括勘误的内容）或修订版均不适用于本标准，然而，鼓励根据本标准达成协议的各方研究是否可使用这些文件的最新版本。凡是不注日期的引用文件，其最新版本适用于本标准。

GB/T 13869《用电安全导则》GBZ 2《工作场所有害因素职业接触限值》。

AQ 3025—2008《化学品生产单位高处作业安全规范》。

AQ 3022—2008《化学品生产单位动火作业安全规范》。

3. 术语和定义

本标准采用下列术语和定义：

3.1　受限空间 confined spaces 化学品生产单位的各类塔、釜、槽、罐、炉膛、锅筒、管道、容器以及地下室、窨井、坑（池）、下水道或其他封闭、半封闭场所。

3.2　受限空间作业 operation at confined spaces 进入或探入化学品生产单位的受限空间进行的作业。

4. 受限空间作业安全要求

4.1　受限空间作业实施作业证管理，作业前应办理《受限空间安全作业证》（以下简称《作业证》）。

4.2　安全隔绝。

4.2.1　受限空间与其他系统连通的可能危及安全作业的管道应采取有效隔离措施。

4.2.2　管道安全隔绝可采用插入盲板或拆除一段管道进行隔绝，不能用水封或关闭阀门等代替盲板或拆除管道。

4.2.3　与受限空间相连通的可能危及安全作业的孔、洞应进行严密的封堵。

4.2.4　受限空间带有搅拌器等用电设备时，应在停机后切断电源，上锁并加挂警示牌。

4.3　清洗或置换

受限空间作业前，应根据受限空间盛装（过）的物料的特性，对受限空间进行清洗或置换，并达到下列要求：

4.3.1 氧含量一般为 18％ ～ 21％，在富氧环境下不得大于 23.5％。

4.3.2 有毒气体（物质）浓度应符合 GBZ 2 的规定。

4.3.3 可燃气体浓度：当被测气体或蒸气的爆炸下限大于等于 4％时，其被测浓度不大于 0.5％（体积百分数）；当被测气体或蒸气的爆炸下限小于 4％时，其被测浓度不大于 0.2％（体积百分数）。

4.4 通风

应采取措施，保持受限空间空气良好流通。

4.4.1 打开人孔、手孔、料孔、风门、烟门等与大气相通的设施进行自然通风。

4.4.2 必要时，可采取强制通风。

4.4.3 采用管道送风时，送风前应对管道内介质和风源进行分析确认。

4.4.4 禁止向受限空间充氧气或富氧空气。

4.5 监测。

4.5.1 作业前 30 min 内，应对受限空间进行气体采样分析，分析合格后方可进入。

4.5.2 分析仪器应在校验有效期内，使用前应保证其处于正常工作状态。

4.5.3 采样点应有代表性，容积较大的受限空间，应采取上、中、下各部位取样。

4.5.4 作业中应定时监测，至少每 2 h 监测一次，如监测分析结果有明显变化，则应加大监测频率；作业中断超过 30 min 应重新进行监测分析，对可能释放有害物质的受限空间，应连续监测。情况异常时应立即停止作业，撤离人员，经对现场处理，并取样分析合格后方可恢复作业。

4.5.5 涂刷具有挥发性溶剂的涂料时，应做连续分析，并采取强制通风措施。

4.5.6 采样人员深入或探入受限空间采样时应采取 4.6 中规定的

防护措施。

4.6　个体防护措施

受限空间经清洗或置换不能达到 4.3 的要求时，应采取相应的防护措施方可作业。

4.6.1　在缺氧或有毒的受限空间作业时，应佩戴隔离式防护面具，必要时作业人员应拴带救生绳。

4.6.2　在易燃易爆的受限空间作业时，应穿防静电工作服、工作鞋，使用防爆型低压灯具及不发生火花的工具。

4.6.3　在有酸碱等腐蚀性介质的受限空间作业时，应穿戴好防酸碱工作服、工作鞋、手套等防护品。

4.6.4　在产生噪声的受限空间作业时，应佩戴耳塞或耳罩等防噪声护具。

4.7　照明及用电安全。

4.7.1　受限空间照明电压应小于等于 36 V，在潮湿容器、狭小容器内作业电压应小于等于 12 V。

4.7.2　使用超过安全电压的手持电动工具作业或进行电焊作业时，应配备漏电保护器。在潮湿容器中，作业人员应站在绝缘板上，同时保证金属容器接地可靠。

4.7.3　临时用电应办理用电手续，按 GB/T 13869 规定架设和拆除。

4.8　监护。

4.8.1　受限空间作业，在受限空间外应设有专人监护。

4.8.2　进入受限空间前，监护人应会同作业人员检查安全措施，统一联系信号。

4.8.3　在风险较大的受限空间作业，应增设监护人员，并随时保持与受限空间作业人员的联络。

4.8.4　监护人员不得脱离岗位，并应掌握受限空间作业人员的人数和身份，对人员和工器具进行清点。

4.9　其他安全要求。

4.9.1　在受限空间作业时应在受限空间外设置安全警示标志。

4.9.2　受限空间出入口应保持畅通。

4.9.3 多工种、多层交叉作业应采取互相之间避免伤害的措施。

4.9.4 作业人员不得携带与作业无关的物品进入受限空间，作业中不得抛掷材料、工器具等物品。

4.9.5 受限空间外应备有空气呼吸器（氧气呼吸器）、消防器材和清水等相应的应急用品。

4.9.6 严禁作业人员在有毒、窒息环境下摘下防毒面具。

4.9.7 在难度大、劳动强度大、时间长的受限空间作业应采取轮换作业。

4.9.8 在受限空间进行高处作业应按 AQ 3026—2008《化学品生产单位高处作业安全规范》的规定进行，应搭设安全梯或安全平台。

4.9.9 在受限空间进行动火作业应按 AQ 3022—2008《化学品生产单位动火作业安全规范》的规定进行。

4.9.10 作业前后应清点作业人员和作业工器具。作业人员离开受限空间作业点时，应将作业工器具带出。

4.9.11 作业结束后，由受限空间所在单位和作业单位共同检查受限空间内外，确认无问题后方可封闭受限空间。

5. 职责要求

5.1 作业负责人的职责。

5.1.1 对受限空间作业安全负全面责任。

5.1.2 在受限空间作业环境、作业方案和防护设施及用品达到安全要求后，可安排人员进入受限空间作业。

5.1.3 在受限空间及其附近发生异常情况时，应停止作业。

5.1.4 检查、确认应急准备情况，核实内外联络及呼叫方法。

5.1.5 对未经允许试图进入或已经进入受限空间者进行劝阻或责令退出。

5.2 监护人员的职责。

5.2.1 对受限空间作业人员的安全负有监督和保护的职责。

5.2.2 了解可能面临的危害，对作业人员出现的异常行为能够及时警觉并作出判断。与作业人员保持联系和交流，观察作业人员的状况。

5.2.3　当发现异常时，立即向作业人员发出撤离警报，并帮助作业人员从受限空间逃生，同时立即呼叫紧急救援。

5.2.4　掌握应急救援的基本知识。

5.3　作业人员的职责。

5.3.1　负责在保障安全的前提下进入受限空间实施作业任务。作业前应了解作业的内容、地点、时间、要求，熟知作业中的危害因素和应采取的安全措施。

5.3.2　确认安全防护措施落实情况。

5.3.3　遵守受限空间作业安全操作规程，正确使用受限空间作业安全设施与个体防护用品。

5.3.4　应与监护人员进行必要的、有效的安全、报警、撤离等双向信息交流。

5.3.5　服从作业监护人的指挥，如发现作业监护人员不履行职责时，应停止作业并撤出受限空间。

5.3.6　在作业中如出现异常情况或感到不适或呼吸困难时，应立即向作业监护人发出信号，迅速撤离现场。

5.4　审批人员的职责。

5.4.1　审查《作业证》的办理是否符合要求。

5.4.2　到现场了解受限空间内外情况。

5.4.3　督促检查各项安全措施的落实情况。

6.《受限空间安全作业证》的管理

6.1　《作业证》由作业单位负责办理，格式见下表。

6.2　《作业证》所列项目应逐项填写，安全措施栏应填写具体的安全措施。

6.3　《作业证》应由受限空间所在单位负责人审批。

6.4　一处受限空间、同一作业内容办理一张《作业证》，当受限空间工艺条件、作业环境条件改变时，应重新办理《作业证》。

6.5　《作业证》一式三联，一、二联分别由作业负责人、监护人持有，第三联由受限空间所在单位存查，《作业证》保存期限至少为1年。

受限空间安全作业证

车间或部门：　　　　　　　　　　　　　　　　　编号：

受限空间所在单位负责项目栏	受限空间所在单位：					
	受限空间名称：					
	检修作业内容：					
	受限空间主要介质：					
	作业时间：　年　月　日　时起至　年　月　日　时止					
	隔绝安全措施：					
	确认人签字：　　　　　　　年　月　日					
	负责人意见：					
	负责人：　　　　　　　年　月　日					
作业单位负责项目栏	作业单位：					
	作业负责人：					
	作业监护人：					
	作业中可能产生的有害物质：					
	作业安全措施（包括抢救后备措施）：					
	负责人意见：　年　月　日					
	负责人：　　　　　　　年　月　日					
采样分析	分析项目	有毒有害介质	可燃气	氧含量	取样时间	取样部位	分析人
	分析标准						
	分析数据						

审批意见：

　　　　　批准人：　　　　　　　年　月　日

五、《工贸企业有限空间作业安全管理与监督暂行规定》（安监总局 59 号令）

第一章　总则

第一条　为了加强对冶金、有色、建材、机械、轻工、纺织、烟草、商贸企业（以下统称工贸企业）有限空间作业的安全管理与监督，预防和减少生产安全事故，保障作业人员的安全与健康，根据《中华人民共和国安全生产法》等法律、行政法规，制定本规定。

第二条　工贸企业有限空间作业的安全管理与监督，适用本规定。

本规定所称有限空间，是指封闭或者部分封闭，与外界相对隔离，出入口较为狭窄，作业人员不能长时间在内工作，自然通风不良，易造成有毒有害、易燃易爆物质积聚或者氧含量不足的空间。工贸企业有限空间的目录由国家安全生产监督管理总局确定、调整并公布。

第三条　工贸企业是本企业有限空间作业安全的责任主体，其主要负责人对本企业有限空间作业安全全面负责，相关负责人在各自职责范围内对本企业有限空间作业安全负责。

第四条　国家安全生产监督管理总局对全国工贸企业有限空间作业安全实施监督管理。

县级以上地方各级安全生产监督管理部门按照属地监管、分级负责的原则，对本行政区域内工贸企业有限空间作业安全实施监督管理。省、自治区、直辖市人民政府对工贸企业有限空间作业的安全生产监督管理职责另有规定的，依照其规定。

第二章　有限空间作业的安全保障

第五条　存在有限空间作业的工贸企业应当建立下列安全生产制度和规程：

（一）有限空间作业安全责任制度；

（二）有限空间作业审批制度；

（三）有限空间作业现场安全管理制度；

（四）有限空间作业现场负责人、监护人员、作业人员、应急救援人员安全培训教育制度；

（五）有限空间作业应急管理制度；

（六）有限空间作业安全操作规程。

第六条　工贸企业应当对从事有限空间作业的现场负责人、监护人员、作业人员、应急救援人员进行专项安全培训。专项安全培训应当包括下列内容：

（一）有限空间作业的危险有害因素和安全防范措施；

（二）有限空间作业的安全操作规程；

（三）检测仪器、劳动防护用品的正确使用；

（四）紧急情况下的应急处置措施。

安全培训应当有专门记录，并由参加培训的人员签字确认。

第七条　工贸企业应当对本企业的有限空间进行辨识，确定有限空间的数量、位置以及危险有害因素等基本情况，建立有限空间管理台账，并及时更新。

第八条　工贸企业实施有限空间作业前，应当对作业环境进行评估，分析存在的危险有害因素，提出消除、控制危害的措施，制定有限空间作业方案，并经本企业负责人批准。

第九条　工贸企业应当按照有限空间作业方案，明确作业现场负责人、监护人员、作业人员及其安全职责。

第十条　工贸企业实施有限空间作业前，应当将有限空间作业方案和作业现场可能存在的危险有害因素、防控措施告知作业人员。现场负责人应当监督作业人员按照方案进行作业准备。

第十一条　工贸企业应当采取可靠的隔断（隔离）措施，将可能危及作业安全的设施设备、存在有毒有害物质的空间与作业地点隔开。

第十二条　有限空间作业应当严格遵守"先通风、再检测、后作业"的原则。检测指标包括氧浓度、易燃易爆物质（可燃性气体、爆炸性粉尘）浓度、有毒有害气体浓度。检测应当符合相关国家标准或者行业标准的规定。

未经通风和检测合格，任何人员不得进入有限空间作业。检测的时间不得早于作业开始前 30 分钟。

第十三条　检测人员进行检测时，应当记录检测的时间、地点、气体种类、浓度等信息。检测记录经检测人员签字后存档。

检测人员应当采取相应的安全防护措施，防止中毒窒息等事故发生。

第十四条　有限空间内盛装或者残留的物料对作业存在危害时，作业人员应当在作业前对物料进行清洗、清空或者置换。经检测，有限空间的危险有害因素符合《工作场所有害因素职业接触限值第一部分化学有害因素》（GBZ 2.1）的要求后，方可进入有限空间作业。

第十五条　在有限空间作业过程中，工贸企业应当采取通风措施，保持空气流通，禁止采用纯氧通风换气。

发现通风设备停止运转、有限空间内氧含量浓度低于或者有毒有害气体浓度高于国家标准或者行业标准规定的限值时，工贸企业必须立即停止有限空间作业，清点作业人员，撤离作业现场。

第十六条　在有限空间作业过程中，工贸企业应当对作业场所中的危险有害因素进行定时检测或者连续监测。

作业中断超过 30 分钟，作业人员再次进入有限空间作业前，应当重新通风、检测合格后方可进入。

第十七条　有限空间作业场所的照明灯具电压应当符合《特低电压限值》（GB/T 3805）等国家标准或者行业标准的规定；作业场所存在可燃性气体、粉尘的，其电气设施设备及照明灯具的防爆安全要求应当符合《爆炸性环境第一部分：设备通用要求》（GB 3836.1）等国家标准或者行业标准的规定。

第十八条　工贸企业应当根据有限空间存在危险有害因素的种类和危害程度，为作业人员提供符合国家标准或者行业标准规定的劳动防护用品，并教育监督作业人员正确佩戴与使用。

第十九条　工贸企业有限空间作业还应当符合下列要求：

（一）保持有限空间出入口畅通；

（二）设置明显的安全警示标志和警示说明；

（三）作业前清点作业人员和工器具；

（四）作业人员与外部有可靠的通信联络；

（五）监护人员不得离开作业现场，并与作业人员保持联系；

（六）存在交叉作业时，采取避免互相伤害的措施。

第二十条　有限空间作业结束后，作业现场负责人、监护人员应当对作业现场进行清理，撤离作业人员。

第二十一条　工贸企业应当根据本企业有限空间作业的特点，制定应急预案，并配备相关的呼吸器、防毒面罩、通信设备、安全绳索等应急装备和器材。有限空间作业的现场负责人、监护人员、作业人员和应急救援人员应当掌握相关应急预案内容，定期进行演练，提高应急处置能力。

第二十二条　工贸企业将有限空间作业发包给其他单位实施的，应当发包给具备国家规定资质或者安全生产条件的承包方，并与承包方签订专门的安全生产管理协议或者在承包合同中明确各自的安全生产职责。存在多个承包方时，工贸企业应当对承包方的安全生产工作进行统一协调、管理。

工贸企业对其发包的有限空间作业安全承担主体责任。承包方对其承包的有限空间作业安全承担直接责任。

第二十三条　有限空间作业中发生事故后，现场有关人员应当立即报警，禁止盲目施救。应急救援人员实施救援时，应当做好自身防护，佩戴必要的呼吸器具、救援器材。

第三章　有限空间作业的安全监督管理

第二十四条　安全生产监督管理部门应当加强对工贸企业有限空间作业的监督检查，将检查纳入年度执法工作计划。对发现的事故隐患和违法行为，依法作出处理。

第二十五条　安全生产监督管理部门对工贸企业有限空间作业实施监督检查时，应当重点抽查有限空间作业安全管理制度、有限空间管理台账、检测记录、劳动防护用品配备、应急救援演练、专项安全培训等情况。

第二十六条　安全生产监督管理部门应当加强对行政执法人员的有限空间作业安全知识培训，并为检查有限空间作业安全的行政执法人员配备必需的劳动防护用品、检测仪器。

第二十七条　安全生产监督管理部门及其行政执法人员发现有限空间作业存在重大事故隐患的，应当责令立即或者限期整改；重大事故隐患排除前或者排除过程中无法保证安全的，应当责令暂时停止作业，撤出作业人员；重大事故隐患排除后，经审查同意，方可恢复作业。

第四章　法律责任

第二十八条　工贸企业有下列行为之一的，由县级以上安全生产监督管理部门责令限期改正；逾期未改正的，责令停产停业整顿，可以并处5万元以下的罚款：

（一）未在有限空间作业场所设置明显的安全警示标志的；

（二）未按照本规定为作业人员提供符合国家标准或者行业标准的劳动防护用品的。

第二十九条　工贸企业有下列情形之一的，由县级以上安全生产监督管理部门给予警告，可以并处2万元以下的罚款：

（一）未按照本规定对有限空间作业进行辨识、提出防范措施、建立有限空间管理台账的；

（二）未按照本规定对有限空间的现场负责人、监护人员、作业人员和应急救援人员进行专项安全培训的；

（三）未按照本规定对有限空间作业制定作业方案或者方案未经审批擅自作业的；

（四）有限空间作业未按照本规定进行危险有害因素检测或者监测，并实行专人监护作业的；

（五）未教育和监督作业人员按照本规定正确佩戴与使用劳动防护用品的；

（六）未按照本规定对有限空间作业制定应急预案，配备必要的应急装备和器材，并定期进行演练的。

第五章　附则

第三十条　本规定自 2013 年 7 月 1 日起施行。

六、城镇排水管道维护安全技术规程（CJJ 6—2009）

1. 总则

1.0.1　为加强城镇排水管道维护的管理，规范排水管道维护作业的安全管理和技术操作，提高安全技术水平，保障排水管道维护作业人员的安全和健康，制定本规程。

1.0.2　本规程适用于城镇排水管道及其附属构筑物的维护安全作业。

1.0.3　本规程规定了城镇排水管道及附属构筑物维护安全作业的基本技术要求。当本规程与国家法律、行政法规的规定相抵触时，应按国家法律、行政法规的规定执行。

1.0.4　城镇排水管道维护作业除应符合本规程外，尚应符合国家现行有关标准的规定。

2. 术语

2.0.1　排水管道　drainage pipeline

汇集和排放污水、废水和雨水的管渠及其附属设施所组成的系统。

2.0.2　维护作业　maintenance

城镇排水管道及附属构筑物的检查、养护和维修的作业，简称作业。

2.0.3　检查井　manhole

排水管道中连接上下游管道并供养护人员检查、维护或进入管内的构筑物。

2.0.4　雨水口　catch basin

用于收集地面雨水的构筑物。

2.0.5　集水池　sump

泵站水泵进口和出口集水的构筑物。

2.0.6　闸井　gate well

在管道与管道、泵站、河岸之间设置的闸门井，用于控制管道排水的构筑物。

2.0.7　推杆疏通　push rod cleaning

用人力将竹片、钢条、钩棍等工具推入管道内清除堵塞的疏通方法，按推杆的不同，又分为竹片疏通、钢条疏通或钩棍疏通等。

2.0.8　绞车疏通　winch bucket sewer cleaning

采用绞车牵引通沟牛清除管道内积泥的疏通方法。

2.0.9　通沟牛　cleaning bucket

在绞车疏通中使用的桶形、铲形等式样的铲泥工具。

2.0.10　电视检查　CCTV inspection

采用闭路电视进行管道检测的方法。

2.0.11　井下作业　inside manhole works

在排水管道、检查井、闸井、泵站集水池等市政排水设施内进行的维护作业。

2.0.12　隔离式潜水防护服　submersible guard suit

井下作业人员所穿戴的，全身封闭的潜水防护服。

2.0.13　隔离式防毒面具　oxygen mask

供压缩空气的全封闭防毒面具。

2.0.14　悬挂双背带式安全带　suspensible safety belt with safety harness

在作业人员腿部、腰部和肩部都佩戴有绑带，并能将其在悬空中拖起的防护用品。

2.0.15　便携式空气呼吸器　portable inspirator

可随身佩戴压缩空气瓶和隔离式面具的防护装置。

2.0.16　便携式防爆灯　hand explosion proof lamp

可随身携带的符合国家防爆标准的照明工具。

2.0.17　路锥　traffic cone mark

路面作业使用的一种带有反光标志的交通警示、隔离防护装置。

3. 基本规定

3.0.1　维护作业单位应不少于每年一次对作业人员进行安全生产和专业技术培训，并建立安全培训档案。

3.0.2　维护作业单位应不少于每两年一次对作业人员进行健康体检，并建立健康档案。

3.0.3　维护作业单位应配备与维护作业相应的安全防护设备和用品。

3.0.4　维护作业前，应对作业人员进行安全交底，告知作业内容、安全注意事项及应采取的安全措施，并应履行签认手续。

3.0.5　维护作业前，维护作业人员应对作业设备、工具进行安全检查，当发现有安全问题时应立即更换，严禁使用不合格的设备、工具。

3.0.6　在进行路面作业时，维护作业人员应穿戴有反光标志的安全警示服并正确佩戴和使用劳动防护用品；未按规定穿戴安全警示服和使用劳动防护用品的人员，不得上岗作业。

3.0.7　维护作业人员在作业中有权拒绝违章指挥，当发现安全隐患应当立即停止作业并向上级报告。

3.0.8　维护作业中使用的设备和用品必须符合国家现行有关标准，并应具有相应的质量合格证书。

3.0.9　维护作业中使用的设备、安全防护用品必须按有关规定定期进行检验和检测，并应建档管理。

3.0.10　维护作业区域应采取设置安全警示标志等防护措施；夜间作业时，应在作业区域周边明显处设置警示灯，作业完毕，应当及时清除障碍物。

3.0.11　维护作业现场严禁吸烟，未经许可严禁动用明火。

3.0.12　当维护作业人员进入排水管道内部检查、维护作业时，必须同时符合下列各项要求：

1. 管径不得小于 0.8 m。

2. 管内流速不得大于 0.5 m/s。

3. 水深不得大于 0.5 m。

4. 充满度不得大于 50%。

3.0.13 管道维护作业宜采用机动绞车、高压射水车、真空吸泥车、淤泥抓斗车、联合疏通车等设备。

4. 维护作业

4.1 作业现场安全防护。

4.1.1 当在交通流量大地区进行维护作业时，应有专人维护现场交通秩序，协调车辆安全通行。

4.1.2 当临时占路维护作业时，应在维护作业区域迎车方向前放置防护栏。一般道路，防护栏距维护作业区域应大于 5 m，且两侧应设置路锥，路锥之间用连接链或警示带连接，间距不应大于 5 m。

4.1.3 在快速路上，宜采用机械维护作业方法；作业时，除应按本规程第 4.1.2 条规定设置防护栏外，还应在作业现场迎车方向不小于 100 m 处设置安全警示标志。

4.1.4 当维护作业现场井盖开启后，必须有人在现场监护或在井盖周围设置明显的防护栏及警示标志。

4.1.5 污泥盛器和运输车辆在道路停放时，应设置安全标志，夜间应设置警示灯，疏通作业完毕清理现场后，应及时撤离现场。

4.1.6 除工作车辆与人员外，应采取措施防止其他车辆、行人进入作业区域。

4.2 开启与关闭井盖。

4.2.1 开启与关闭井盖应使用专用工具，严禁直接用手操作。

4.2.2 井盖开启后应在迎车方向顺行放置稳固，井盖上严禁站人。

4.2.3 开启压力井盖时，应采取相应的防爆措施。

4.3 管道检查。

4.3.1 检查管道内部情况时，宜采用电视检查、声呐检查和便携式快速检查等方式。

4.3.2 采用潜水检查的管道，其管径不得小于 1.2 m，管内流速不得大于 0.5 m/s。

4.3.3 从事潜水作业的单位和潜水员必须具备相应的特种作业

资质。

4.3.4　当人员进入管道、检查井、闸井、集水池内检查时，必须按本规程第5章相关规定执行。

4.4　管道疏通。

4.4.1　当采用穿竹片牵引钢丝绳疏通时，不宜下井操作。

4.4.2　疏通排水管道所使用的钢丝绳除应符合现行国家标准《起重机械用钢丝绳检验和报废实用规范》GB/T 5972 的相关规定外，还应符合表4—4—1的规定。

表4—4—1　　　　　　　　疏通排水管道用钢丝绳规格

疏通方法	管径（mm）	钢丝绳		
		直径（mm）	允许拉 kN（kbf）	100 m 质量（kg）
人力疏通（手摇绞车）	150～300 550～800	9.3	44.23～63.13 (4 510～6 444)	30.5
	850～1 000	11.0	60.20～86.00 (6 139～8 770)	41.4
	1 050～1 200	12.5	78.62～112.33 (8 017～11 454)	54.1
机械疏通（机动绞车）	150～300 550～800	11.0	60.20～86.00 (6 139～8 770)	41.4
	850～1 000	12.5	78.62～112.33 (8 017～11 454)	54.1
	1 050～1 200	14.0	99.52～142.08 (10 148～14 498)	68.5
	1 250～1 500	15.5	122.86～175.52 (12 528～17 898)	84.6

注：1. 当管内积泥深度超过管半径时，应使用大一级的钢丝绳；

　　2. 对方砖沟、矩形砖石沟、拱砖石沟等异形沟道，可按断面积折算成圆管后选用适合的钢丝绳。

4.4.3　当采用推杆疏通时，应符合下列规定：

1. 操作人员应戴好防护手套。

2. 竹片和钩棍应连接牢固，操作时不得脱节。

3. 打竹片与拔竹片时，竹片尾部应由专人负责看护，应注意来往行人和车辆。

4. 竹片必须选用刨平竹心的青竹，截面尺寸不小于 4 cm×1 cm，长度不应小于 3 m。

4.4.4　当采用绞车疏通时，应符合下列规定：

1. 绞车移动时应注意来往行人和作业人员安全，机动绞车应低速行驶，并应严格遵守交通法规，严禁载人。

2. 绞车停放稳妥后应设专人看守。

3. 使用绞车前，首先应检查钢丝绳是否合格，绞动时应慢速转动，当遇阻力时应立即停止，并及时查找原因，不得因绞断钢丝发生飞车事故。

4. 绞车摇把摇好后应及时取下，不得在倒回时脱落。

5. 机动绞车应由专人操作，且操作人员应接受专业培训，持证上岗。

6. 作业中应设专人负责指挥，互相呼应，遇有故障应立即停车。

7. 作业完成后绞车应加锁，并应停放在不影响交通的地方。

8. 绞车转动时严禁用手触摸齿轮、轴头、钢丝绳，作业人员身体不得倚靠绞车。

4.4.5　当采用高压射水车疏通时，应符合下列规定：

1. 当作业气温在0℃以下时，不宜使用高压射水车冲洗。

2. 作业机械应由专人操作，操作人员应接受专业培训，持证上岗。

3. 射水车停放应平稳，位置应适当。

4. 冲洗现场必须设置防护栏。

5. 作业前应检查高压泵的开关是否灵敏，高压喷管、高压喷头是否完好。

6. 高压喷头严禁对人和在平地加压喷射，移位时必须停止工作，以免伤人。

7. 将喷管放入井内时，喷头应对准管底的中心线方向；将喷头送进管内后，操作人员方可开启高压开关；从井内取出喷头时应先关闭加压开关，待压力消失后方可取出喷头，启闭高压开关时，应缓开缓闭。

8. 当高压水管穿越中间检查井时，必须将井盖盖好，不得伤人。

9. 高压射水车工作期间，操作人员不得离开现场，射水车严禁超负荷运转。

10. 在两个检查井之间操作时，应规定明确的联络信号。

11. 当水位指示器降至危险水位时，应立即停止作业，不得损坏机件。

12. 高压管收放时应安放卡管器。

13. 夜间冲洗作业时，应有足够的照明并配备警示灯。

4.5　清掏作业

4.5.1　当使用清疏设备进行清掏作业时，应符合以下规定：

1. 清疏设备应由专人操作，操作人员应接受专业培训，持证上岗。

2. 清疏设备使用前，应对设备进行检查，并确保设备状态正常。

3. 带有水箱的清疏设备，使用前应使用车上附带的加水专用软管为水箱注满水。

4. 车载清疏设备路面作业时，车辆应顺行车方向停泊，打开警示灯、双跳灯，并做好路面围护警示工作。

5. 当清疏设备运行中出现异常情况时，应立即停机检查，排除故障。当无法查明原因或无法排除故障时，应立即停止工作，严禁设备带故障运行。

6. 车载清疏设备在移动前，工况必须复原，至第二处地点再行使用。

7. 清疏设备重载行驶时，速度应缓慢，防止急刹车；转弯时应减速，防止惯性和离心力作用造成事故。

8. 清疏设备严禁超载。

9. 清疏设备不得作为运输车辆使用。

4.5.2　当采用真空吸泥车进行清掏作业时，除应符合本规程第4.5.1条规定外，还应符合下列规定：

1. 严禁吸入油料等危险品。

2. 卸泥操作时，必须选择地面坚实且有足够高度空间的倾卸点，操作人员应站在泥缸两侧。

3. 当需要翻缸进入缸底进行检修时，必须用支撑柱或挡板垫实缸体。

4. 污泥胶管销挂要牢固。

4.5.3　当采用淤泥抓斗车清淘时，除应符合本规程4.5.1条的规定外，还应符合下列规定：

1. 泥斗上升时速度应缓慢，应防止泥斗勾住检查井或集水池边缘，不得因斗抓崩出伤人。

2. 抓泥斗吊臂回转半径内禁止任何人停留或穿行。

3. 指挥、联络信号（旗语、口笛或手势）应明确。

4.5.4　当采用人工清掏时，应符合下列规定：

1. 清掏工具应按车辆顺行方向摆放和操作。

2. 清淘作业前应打开井盖进行通风。

3. 操作人员应站在上风口作业，严禁将头探入井内；当需下井清掏时，应按本规程第5章相关规定执行。

4.6　管道及附属构筑物维修

4.6.1　管道维修应符合现行国家标准《给水排水管道工程施工及验收规范》GB 50268的相关规定。

4.6.2　当管道及附属构筑物维修需掘路开挖时，应提前掌握作业面地下管线分布情况；当采用风镐掘路作业时，操作人员应注意保持安全距离，并戴好防护眼镜。

4.6.3　当需要封堵管道进行维护作业时，宜采用充气管塞等工具并应采取支撑等防护措施。

4.6.4　当加砌检查井或新老管道封堵、拆堵、连接施工时，维护作业人员应按本规程第5章的相关规定执行。

4.6.5　排水管道出水口维修应符合下列规定：

1. 维护作业人员上下河坡时应走梯道。

2. 维修前应关闭闸门或封堵，将水截流或导流。

3. 带水作业时，应侧身站稳，不得迎水站立。

4. 运料采用的工具必须牢固结实，维护作业人员应精力集中，严禁向下抛料。

4.6.6　检查井、雨水口维修应符合下列规定：

1. 当搬运、安装井盖、井箅、井框时，应注意安全，防止受伤。

2. 当维修井口作业时，应采取防坠落措施。

3. 当进入井内维修时，应按本规程第5章的相关规定执行。

4.6.7　抢修作业时，应组织制定专项作业方案，并有效实施。

5. 井下作业

5.1　一般规定

5.1.1　井下清淤作业宜采用机械作业方法，并严格控制人员进入管道内作业。

5.1.2　下井作业人员必须经过专业安全技术培训、考核，具备下井作业资格，并应掌握人工急救技能和防护用具、照明、通信设备的使用方法。作业单位应为下井作业人员建立个人培训档案。

5.1.3　维护作业单位应不少于每年一次对井下作业人员进行职业健康体检，并建立健康档案。

5.1.4　维护作业单位必须制定井下作业安全生产责任制，并在作业中严格落实。

5.1.5　井下作业时，必须配备气体检测仪器和井下作业专用工具，并培训作业人员掌握正确的使用方法。

5.1.6　井下作业必须履行审批手续，执行当地的下井许可制度。

5.1.7　井下作业的《下井作业申请表》及下井许可的《下井安全作业票》宜符合本规程附录A的规定。

5.1.8　井下作业前，维护作业单位必须检测管道内有害气体。井下有害气体浓度必须符合本规程第5.3节的有关规定。

5.1.9　下井作业前，维护作业单位应做好下列工作：

1. 应查清管径、水深、潮汐、积泥厚度等。

2. 应查清附近工厂污水排放情况，并做好截流工作。

3. 应制定井下作业方案，并尽量避免潜水作业。

4. 应对作业人员进行安全交底，告知作业内容和安全防护措施及自救互救的方法。

5. 应做好管道的降水、通风以及照明、通信等工作。

6. 应检查下井专用设备是否配备齐全、安全有效。

5.1.10　井下作业时，必须进行连续气体检测，且井上监护人员不得少于两人；进入管道内作业时，井室内应设置专人呼应和监护，监护人员严禁擅离职守。

5.1.11　井下作业除必须符合本规程第5.1.10条的规定外，还应符合下列规定：

1. 井内水泵运行时严禁人员下井。

2. 作业人员应佩戴供压缩空气的隔离式防护装具、安全带、安全绳、安全帽等防护用品。

3. 作业人员上、下井应使用安全可靠的专用爬梯。

4. 监护人员应密切观察作业人员情况，随时检查空压机、供气管、通信设施、安全绳等下井设备的安全运行情况，发现问题及时采取措施。

5. 下井人员连续作业时间不得超过 1 h。

6. 传递作业工具和提升杂物时，应用绳索系牢，井底作业人员应躲避。

7. 潜水作业应符合现行行业标准《公路工程施工安全技术规程》JTJ 076 的相关规定。

8. 当发现有中毒危险时，必须立即停止作业，并组织作业人员迅速撤离现场。

9. 作业现场应配备应急装备、器具。

5.1.12 下列人员不得从事井下作业：

1. 年龄在 18 岁以下和 55 岁以上者。

2. 在经期、孕期、哺乳期的女性。

3. 有聋、哑、呆、傻等严重生理缺陷者。

4. 患有深度近视、癫痫、高血压，过敏性气管炎、哮喘、心脏病等严重慢性病者。

5. 有外伤、疮口尚未愈合者。

5.2 通风

5.2.1 通风措施可采用自然通风和机械通风。

5.2.2 井下作业前，应开启作业井盖和其上下游井盖进行自然通风，且通风时间不应小于 30 min。

5.2.3 当排水管道经过自然通风后，井下气体浓度仍不符合本规程第 5.3.2、5.3.3 条的规定时，应进行机械通风。

5.2.4 管道内机械通风的平均风速不应小于 0.8 m/s。

5.2.5 有毒有害、易燃易爆气体浓度变化较大的作业场所应连续进行机械通风。

5.2.6 通风后，井下的含氧量及有毒有害、易燃易爆气体浓度必须符合本规程第 5.3 节的有关规定。

5.3 气体检测

5.3.1 气体检测应测定井下的空气含氧量和常见有毒有害、易燃易爆气体的浓度和爆炸范围。

5.3.2 井下的空气含氧量不得低于 19.5%。

5.3.3 井下有毒有害气体的浓度除应符合国家现行有关标准的规

定外，常见有毒有害、易燃易爆气体的浓度和爆炸范围还应符合表 5—3—1 的规定。

表 5—3—1　常见有毒有害、易燃易爆气体的浓度和爆炸范围

气体名称	相对密度（取空气相对密度为1）	最高容许浓度（mg/m³）	时间加权平均容许浓度（mg/m³）	短时间接触容许浓度（mg/m³）	爆炸范围（容积百分比%）	说明
硫化氢	1.19	10	—	—	4.3～45.5	—
一氧化碳	0.97	—	20	30	12.5～74.2	非高原
		20	—	—		海拔 2 000～3 000 m
		15	—	—		海拔高于 3 000 m
氰化氢	0.94	1	—	—	5.6～12.8	—
溶剂汽油	3.00～4.00	—	300	—	1.4～7.6	—
一氧化氮	2.49	—	15	—	不燃	—
甲烷	0.55	—	—	—	5.0～15.0	—
苯	2.71	—	6	10	1.45～8.0	—

注：最高容许浓度指工作地点、在一个工作日内、任何时间有毒化学物质均不应超过的浓度。时间加权平均容许浓度指以时间为权数规定的 8 h 工作日、40 h 工作周的平均容许接触浓度。短时间接触容许浓度指在遵守时间加权平均容许浓度前提下容许短时间（15 min）接触的浓度。

5.3.4　气体检测人员必须经专项技术培训，具备检测设备操作能力。

5.3.5　应采用专用气体检测设备检测井下气体。

5.3.6　气体检测设备必须按相关规定定期进行检定，检定合格后方可使用。

5.3.7　气体检测时，应先搅动作业井内泥水，使气体充分释放，保证测定井内气体实际浓度。

5.3.8　检测记录还应包括下列内容：

1. 检测时间；

2. 检测地点；

3. 检测方法和仪器；

4. 现场条件（温度、气压）；

5. 检测次数；

6. 检测结果；

7. 检测人员。

5.3.9　检测结论应告知现场作业人员，并应履行签字手续。

5.4　照明和通信

5.4.1　作业现场照明应使用便携式防爆灯，照明设备应符合现行国家标准《爆炸性气体环境用电气设备第14部分：危险场所分类》GB 3836.14 的相关规定。

5.4.2　井下作业面上的照度不宜小于 50 lx。

5.4.3　作业现场宜采用专用通信设备。

5.4.4　井上和井下作业人员应事先规定明确的联系方式。

6. 防护设备与用品

6.0.1　井下作业时，应使用隔离式防毒面具，不应使用过滤式防毒面具和半隔离式防毒面具以及氧气呼吸设备。

6.0.2　潜水作业应穿戴隔离式潜水防护服。

6.0.3　防护设备必须按相关规定定期进行维护检查。严禁使用质量不合格的防毒和防护设备。

6.0.4　安全带、安全帽应符合现行国家标准《安全带》GB 6095 和《安全帽》GB 2811 的规定，应具备国家安全和质检部门颁发的安鉴证和合格证，并定期进行检验。

6.0.5　安全带应采用悬挂双背带式安全带。使用频繁的安全带、安全绳应经常进行外观检查，发现异常立即更换。

6.0.6　夏季作业现场应配置防晒及防暑降温药品和物品。

6.0.7　维护作业时配备的皮叉、防护服、防护鞋、手套等防护用品应及时检查、定期更换。

7. 中毒、窒息应急救援

7.0.1　维护作业单位必须制定中毒、窒息等事故应急救援预案，并应按相关规定定期进行演练。

7.0.2　作业人员发生异常时，监护人员应立即用作业人员自身佩戴的安全带、安全绳将其迅速救出。

7.0.3　发生中毒、窒息事故，监护人员应立即启动应急救援预案。

7.0.4　当需下井抢救时，抢救人员必须在做好个人安全防护并有专人监护下进行下井抢救，必须佩戴好便携式空气呼吸器、悬挂双背带式安全带，并系好安全绳，严禁盲目施救。

7.0.5　中毒、窒息者被救出后应及时送往医院抢救；在等待救援时，监护人员应立即施救或采取现场急救措施。

附录 A　下井作业申请表和作业票

表 A—1　　　　　　　　　　下井作业申请表

单位：

作业项目			
作业单位			
作业地点		作业任务	
作业单位负责人		安全负责人	
作业人员		项目负责人	
作业日期		主管领导签字	
安 全 防 护 措 施			
作业现场 情况说明	作业管径：m 井深：　　m 性质： 下井座次：座 是否潜水作业：		
上级主管 部门意见			

申报日期：　　年　月　日

表 A—2　　　　　　　　　下井安全作业票

单位：

作业单位		作业票填报人			填报日期	
作业人员				监护人		
作业地点		区路道街		井号		
作业时间			作业任务			
管径		水深		潮汐影响		
工厂污水排放情况						

防护措施	1. 提前开启井盖自然通风情况（井数和时间）
	2. 井下降水和照明情况
	3. 井下气体检测结果
	4. 拟采取的防毒、防爆手段（穿戴防护装具、人工通风情况）

项目负责人意见	安全员意见
（签字）	（签字）

作业人员身体状况	
附注	

七、《北京市有限空间作业安全生产规范（试行）》（京安监发〔2009〕8号）

第一章　总则

第一条　【目的依据】为加强有限空间作业安全管理，预防、控制中毒窒息等生产安全事故发生，切实保护从业人员的生命安全，根据《中华人民共和国安全生产法》《北京市安全生产条例》等法律法规和有关标准，结合本市实际情况，制定本规范。

第二条【适用范围】本市行政区域内从事有限空间作业和具有有限空间作业行为的生产经营单位适用于本规范。

第三条【定义】有限空间是指封闭或部分封闭，进出口较为狭窄有限，未被设计为固定工作场所，自然通风不良，易造成有毒有害、易燃易爆物质积聚或氧含量不足的空间。

有限空间作业是指作业人员进入有限空间实施的作业活动。

第四条【分类】有限空间分为三类：

（一）密闭设备：如船舱、储罐、车载槽罐、反应塔（釜）、冷藏箱、压力容器、管道、烟道、锅炉等；

（二）地下有限空间：如地下管道、地下室、地下仓库、地下工程、暗沟、隧道、涵洞、地坑、废井、地窖、污水池（井）、沼气池、化粪池、下水道等；

（三）地上有限空间：如储藏室、酒糟池、发酵池、垃圾站、温室、冷库、粮仓、料仓等。

第二章　有限空间作业安全技术要求

第五条【检测】实施有限空间作业前，生产经营单位应严格执行"先检测、后作业"的原则，根据作业现场和周边环境情况，检测有限空间可能存在的危害因素。检测指标包括氧浓度值、易燃易爆物质（可燃性气体、爆炸性粉尘）浓度值、有毒气体浓度值等。未经检测，严禁作业人员进入有限空间。

在作业环境条件可能发生变化时，生产经营单位应对作业场所中危害因素进行持续或定时检测。作业者工作面发生变化时，视为进入新的有限空间，应重新检测后再进入。

实施检测时，检测人员应处于安全环境，检测时要做好检测记录，包括检测时间、地点、气体种类和检测浓度等。

第六条【危害评估】实施有限空间作业前，生产经营单位应根据检测结果对作业环境危害状况进行评估，制定消除、控制危害的措施，确保整个作业期间处于安全受控状态。

危害评估应依据 GB 8958《缺氧危险作业安全规程》、GBZ 2.1《工作场所有害因素职业接触限值第 1 部分：化学有害因素》等标准进行。

第七条【通风】生产经营单位实施有限空间作业前和作业过程中，

可采取强制性持续通风措施降低危险，保持空气流通。严禁用纯氧进行通风换气。

第八条【防护设备】生产经营单位应为作业人员配备符合国家标准要求的通风设备、检测设备、照明设备、通信设备、应急救援设备和个人防护用品。当有限空间存在可燃性气体和爆炸性粉尘时，检测、照明、通信设备应符合防爆要求，作业人员应使用防爆工具、配备可燃气体报警仪等。

防护装备以及应急救援设备设施应妥善保管，并按规定定期进行检验、维护，以保证设施的正常运行。

第九条【呼吸防护用品】呼吸防护用品的选择应符合GB/T 18664《呼吸防护用品的选择、使用与维护》要求。缺氧条件下，应符合GB 8958《缺氧危险作业安全规程》要求。

第十条【应急救援装备】生产经营单位应配备全面罩正压式空气呼吸器或长管面具等隔离式呼吸保护器具、应急通信报警器材、现场快速检测设备、大功率强制通风设备、应急照明设备、安全绳、救生索、安全梯等。

第三章　有限空间作业安全管理要求

第十一条【主要负责人职责】生产经营单位主要负责人应加强有限空间作业的安全管理，履行以下职责：

（一）建立、健全有限空间作业安全生产责任制，明确有限空间作业负责人、作业者、监护者职责；

（二）组织制定专项作业方案、安全作业操作规程、事故应急救援预案、安全技术措施等有限空间作业管理制度；

（三）保证有限空间作业的安全投入，提供符合要求的通风、检测、防护、照明等安全防护设施和个人防护用品；

（四）督促、检查本单位有限空间作业的安全生产工作，落实有限空间作业的各项安全要求；

（五）提供应急救援保障，做好应急救援工作；

（六）及时、如实报告生产安全事故。

第十二条【作业审批】凡进入有限空间进行施工、检修、清理作业的，生产经营单位应实施作业审批。未经作业负责人审批，任何人不得进入有限空间作业。

第十三条【危害告知】生产经营单位应在有限空间进入点附近设置醒目的警示标志标识，并告知作业者存在的危险有害因素和防控措施，防止未经许可人员进入作业现场。

第十四条【现场监督管理】有限空间作业现场应明确作业负责人、监护人员和作业人员，不得在没有监护人的情况下作业。

（一）作业负责人职责：应了解整个作业过程中存在的危险危害因素；确认作业环境、作业程序、防护设施、作业人员符合要求后，授权批准作业；及时掌握作业过程中可能发生的条件变化，当有限空间作业条件不符合安全要求时，终止作业。

（二）作业者职责：应接受有限空间作业安全生产培训；遵守有限空间作业安全操作规程，正确使用有限空间作业安全设施与个人防护用品；应与监护者进行有效的操作作业、报警、撤离等信息沟通。

（三）监护者职责：应接受有限空间作业安全生产培训；全过程掌握作业者作业期间情况，保证在有限空间外持续监护，能够与作业者进行有效的操作作业、报警、撤离等信息沟通；在紧急情况时向作业者发出撤离警告，必要时立即呼叫应急救援服务，并在有限空间外实施紧急救援工作；防止未经授权的人员进入。

第十五条【承包管理】生产经营单位委托承包单位进行有限空间作业时，应严格承包管理，规范承包行为，不得将工程发包给不具备安全生产条件的单位和个人。

生产经营单位将有限空间作业发包时，应当与承包单位签订专门的安全生产管理协议，或者在承包合同中约定各自的安全生产管理职责。存在多个承包单位时，生产经营单位应对承包单位的安全生产工作进行统一协调、管理。

承包单位应严格遵守安全协议，遵守各项操作规程，严禁违章指挥、违章作业。

第十六条【临时作业】生产经营单位在有限空间实施临时作业时，应严格遵照本规范要求。如缺乏必备的检测、防护条件，不得自行组织施工作业，应与有关部门联系求助配合或采用委托形式进行。

第十七条【培训】生产经营单位应对有限空间作业负责人员、作业者和监护者开展安全教育培训，培训内容包括：有限空间存在的危险特性和安全作业的要求；进入有限空间的程序；检测仪器、个人防护用品等设备的正确使用；事故应急救援措施与应急救援预案等。

培训应有记录。培训结束后，应记载培训的内容、日期等有关情况。

生产经营单位没有条件开展培训的，应委托具有资质的培训机构开展培训工作。

第十八条【应急救援】生产经营单位应制定有限空间作业应急救援预案，明确救援人员及职责，落实救援设备器材，掌握事故处置程序，提高对突发事件的应急处置能力。预案每年至少进行一次演练，并不断进行修改完善。

有限空间发生事故时，监护者应及时报警，救援人员应做好自身防护，配备必要的呼吸器具、救援器材，严禁盲目施救，导致事故扩大。

第十九条【事故报告】有限空间发生事故后，生产经营单位应当按照国家和本市有关规定向所在区县政府、安全生产监督管理部门和相关行业监管部门报告。

第四章　附则

第二十条【附则】本规范自 2009 年 2 月 1 日起试行。

八、《地下有限空间作业安全技术规范第 1 部分：通则》(DB 11/ 852.1—2012)

前　　言

DB11/T 852《地下有限空间作业安全技术规范》拟分成部分出版，目前计划发布如下部分：

第 1 部分：通则；

第 2 部分：通风与检测作业。

本部分为 DB 11/T 852 的第 1 部分。

本部分 6.2、6.5、6.7、6.10.2、6.10.3、6.10.5、7.1、7.2 为强制性条款，其他为推荐性条款。

本部分按照 GB/T 1.1—2009 给出的规则起草。

本部分由北京市安全生产监督管理局提出并归口。

本部分由北京市安全生产监督管理局组织实施。

本部分起草单位：北京市劳动保护科学研究所。

本部分主要起草人：常纪文、丁大鹏、贾秋霞、胡玢、刘艳、秦妍、陈娅、董艳、汪彤、吕坤、李东明、靳大力、孙晶晶、李静、徐敏。

地下有限空间作业安全技术规范　第1部分：通则

1. 范围

本部分规定了地下有限空间作业环境分级、基本要求、作业前准备和作业的安全要求。

本部分适用于电力、热力、燃气、给排水、环境卫生、通信、广播电视等设施涉及的地下有限空间常规作业及其管理。其他地下有限空间作业可参照本部分执行。

2. 规范性引用文件

下列文件对于本文件的应用是必不可少的。凡是注日期的引用文件，仅所注日期的版本适用于本文件。凡是不注日期的引用文件，其最新版本（包括所有的修改单）适用于本文件。

GB 2811 安全帽

GB 2893 安全色

GB 2894 安全标志及其使用导则

GB 3836.1 爆炸性气体环境用电气设备第1部分：通用要求

GB 6095 安全带

GB 6220 呼吸防护长管呼吸器

GB/T 13869 用电安全导则

GB/T 16556 自给开路式压缩空气呼吸器

GB 20653 职业用高可视性警示服

GB/T 23469 坠落防护连接器

GB/T 24538 坠落防护缓冲器

GB 24543 坠落防护安全绳

GB 24544 坠落防护速差自控器

GBZ 1 工业企业设计卫生标准

GBZ 2.1 工作场所有害因素职业接触限值第 1 部分：化学有害因素

GBZ 158 工作场所职业病危害警示标识

3. 术语与定义

下列术语和定义适用于本文件。

3.1　地下有限空间　underground confined space

封闭或部分封闭、进出口较为狭窄有限、未被设计为固定工作场所、自然通风不良，易造成有毒有害、易燃易爆物质积聚或氧含量不足的地下空间。

3.2　地下有限空间作业　working in underground confined space

进入地下有限空间实施的作业活动。

3.3　地下有限空间作业安全生产条件　conditions for work safety of underground confined space

满足地下有限空间作业安全所需的安全生产责任制、安全生产规章制度、操作规程、安全防护设备设施、人员资质等条件的总称。

3.4　管理单位　management unit

对地下有限空间具有管理权的单位。

3.5　作业单位　working unit

进入地下有限空间实施作业的单位。

3.6　作业负责人　working supervisor

由作业单位确定的负责组织实施地下有限空间作业的管理人员。

3.7　监护者　attendant

为保障作业者安全，在地下有限空间外对地下有限空间作业进行专职看护的人员。

3.8　作业者　operator

进入地下有限空间内实施作业的人员。

4. 作业环境分级

4.1　根据危险有害程度由高至低，将地下有限空间作业环境分为3级。

4.2　符合下列条件之一的环境为1级：

a) 氧含量小于19.5％或大于23.5％。

b) 可燃性气体、蒸气浓度大于爆炸下限（LEL）的10％。

c) 有毒有害气体、蒸气浓度大于GBZ 2.1规定的限值。

4.3　氧含量为19.5％～23.5％，且符合下列条件之一的环境为2级：

a) 可燃性气体、蒸气浓度大于爆炸下限（LEL）的5％且不大于爆炸下限（LEL）的10％。

b) 有毒有害气体、蒸气浓度大于GBZ 2.1规定限值的30％且不大于GBZ 2.1规定的限值。

c) 作业过程中易发生缺氧，如热力井、燃气井等地下有限空间作业。

d) 作业过程中有毒有害或可燃性气体、蒸气浓度可能突然升高，如污水井、化粪池等地下有限空间作业。

4.4　符合下列所有条件的环境为3级：

a) 氧含量为19.5％～23.5％。

b) 可燃性气体、蒸气浓度不大于爆炸下限（LEL）的5％。

c) 有毒有害气体、蒸气浓度不大于GBZ 2.1规定限值的30％。

d) 作业过程中各种气体、蒸气浓度值保持稳定。

5. 基本要求

5.1　管理单位

5.1.1　管理单位应指定管理机构或配备专、兼职管理人员，负责地下有限空间作业的安全管理工作。

5.1.2　管理单位应建立地下有限空间作业安全生产规章制度。存在地下有限空间作业发包行为的，还应建立发包管理制度。

5.1.3　管理单位应对负责地下有限空间作业的管理人员定期进行

培训，并应建立培训档案。

5.1.4　管理单位应对地下有限空间基本情况建立台账。

5.1.5　管理单位宜配备与管理地下有限空间作业相匹配的安全防护设备、个体防护装备及应急救援设备等。

5.1.6　管理单位不具备地下有限空间作业安全生产条件的，不应实施地下有限空间作业。

5.1.7　管理单位存在地下有限空间作业发包行为的，应将作业项目发包给符合本标准第5.2条规定的作业单位，并应与作业单位签订地下有限空间作业安全生产管理协议，对各自的安全生产职责进行约定。

5.1.8　管理单位应向作业单位如实提供地下有限空间类型、内部设施及外部环境等基本信息。

5.2　作业单位

5.2.1　作业单位应设置安全管理机构或配备专职安全管理人员，负责地下有限空间作业安全管理工作。

5.2.2　作业单位应建立地下有限空间作业安全生产责任制、安全生产规章制度和操作规程。

5.2.3　作业单位应制定地下有限空间作业安全生产事故应急救援预案。一旦发生事故，作业负责人应立即启动应急救援预案。

5.2.4　作业负责人、监护者和作业者应经地下有限空间作业安全生产教育和培训合格。其中，监护者应持有效的地下有限空间作业特种作业操作证。

5.2.5　作业单位每年应至少组织1次地下有限空间作业安全再培训和考核，并做好记录。

5.2.6　作业单位应实施地下有限空间作业内部审批制度，审批文件应存档备案。审批文件内容应至少包括：

a）地下有限空间作业内容、作业地点、作业单位名称、管理单位名称、作业时间、作业相关人员；

b）地下有限空间气体检测数据；

c）主要安全防护措施；

d) 单位负责人签字确认项；

e) 作业负责人、监护者、作业者签字确认项。

5.2.7　作业单位应配备气体检测、通风、照明、通信等安全防护设备、个体防护装备及应急救援设备等，设置专人进行维护，按相关规定定期检验，并建档管理。

5.2.8　作业负责人应在作业前对实施作业的全体人员进行安全交底，告知作业内容、作业方案、主要危险有害因素、作业安全要求及应急处置方案等内容，并履行签字确认手续。

6. 作业前准备

6.1　封闭作业区域及安全警示

6.1.1　作业前，应封闭作业区域，并在出入口周边显著位置设置安全标志和警示标识。安全标志和警示标识应符合 GB 2893、GB 2894、GBZ 158 中的有关规定。

6.1.2　夜间实施作业，应在作业区域周边显著位置设置警示灯，地面作业人员应穿戴高可视警示服，高可视警示服至少满足 GB 20653 规定的 1 级要求，使用的反光材料应符合 GB 20653 规定的 3 级要求。

6.1.3　占用道路进行地下有限空间作业，应符合道路交通管理部门关于道路作业的相关规定。

6.2　设备安全检查

作业前，应对安全防护设备、个体防护装备、应急救援设备、作业设备和工具进行安全检查，发现问题应立即更换。

6.3　开启出入口

6.3.1　开启地下有限空间出入口前，应使用气体检测设备检测地下有限空间内是否存在可燃性气体、蒸气，存在爆炸危险的，开启时应采取相应的防爆措施。

6.3.2　作业者应站在地下有限空间外上风侧开启出入口，进行自然通风。

6.4　安全隔离

应采取关闭阀门、加装盲板、封堵、导流等隔离措施，阻断有毒有害气体、蒸气、水、尘埃或泥沙等威胁作业安全的物质涌入地下有限空间的通路。

6.5 气体检测

6.5.1 地下有限空间作业应严格履行"先检测后作业"的原则，在地下有限空间外按照氧气、可燃性气体、有毒有害气体的顺序，对地下有限空间内气体进行检测。其中，有毒有害气体应至少检测硫化氢、一氧化碳。

6.5.2 地下有限空间内存在积水、污物的，应采取措施，待气体充分释放后再进行检测。

6.5.3 应对地下有限空间上、中、下不同高度和作业者通过、停留的位置进行检测。

6.5.4 气体检测设备应定期进行检定，检定合格后方可使用。

6.5.5 气体检测结果应如实记录，内容包括检测时间、检测位置、检测结果和检测人员。

6.6 作业环境级别判定

6.6.1 作业负责人根据气体检测数据，依据本标准第 4 章的规定对地下有限空间作业环境危险有害程度进行分级。其中，氧含量检测数据在 23.5％以下的以最低值为依据，在 23.5％以上的以最高值为依据，其他种类气体以每种气体检测数据的最高值为依据。

6.6.2 3 级环境可实施作业，2 级和 1 级环境应进行机械通风。

6.7 机械通风

6.7.1 作业环境存在爆炸危险的，应使用防爆型通风设备。

6.7.2 采用移动机械通风设备时，风管出风口应放置在作业面，保证有效通风。

6.7.3 应向地下有限空间输送清洁空气，不应使用纯氧进行通风。

6.7.4 地下有限空间设置固定机械通风系统的，应符合 GBZ 1 的规定，并全程运行。

6.8 二次气体检测

存在以下情况之一的，应再次进行气体检测，检测过程应符合本标准第 6.5 条的规定：

　　a）机械通风后；

　　b）作业者更换作业面或重新进入同一作业面的；

　　c）气体检测时间与作业者进入作业时间间隔 10 min 以上时的。

　　6.9　二次判定

　　作业负责人根据二次气体检测数据，依据本标准第 4 章的规定对地下有限空间作业环境危险有害程度重新进行判定。降低为 2 级或 3 级环境，以及始终维持 2 级环境的，可实施作业。1 级环境的，不应作业。

　　6.10　个体防护

　　6.10.1　作业者进入 3 级环境，宜携带隔绝式逃生呼吸器。

　　6.10.2　作业者进入 2 级环境，应佩戴正压式隔绝式呼吸防护用品，并应符合 GB 6220、GB/T 16556 等标准的规定。

　　6.10.3　作业者应佩戴全身式安全带、安全绳、安全帽等防护用品，并符合 GB 6095、GB 24543、GB 2811 等标准的规定。安全绳应固定在可靠的挂点上，连接牢固，连接器应符合 GB/T 23469 的规定。

　　6.10.4　宜选择速差式自控器、缓冲器等防护用品配合安全带、安全绳使用。速差式自控器、缓冲器应符合 GB 24544、GB/T 24538 等标准的规定。

　　6.10.5　作业现场应至少配备 1 套自给开路式压缩空气呼吸器和 1 套全身式安全带及安全绳作为应急救援设备。

　　6.11　电气设备和照明安全

　　6.11.1　地下有限空间作业环境存在爆炸危险的，电气设备、照明用具等应满足防爆要求，符合 GB 3836.1 的规定。

　　6.11.2　地下有限空间临时用电应符合 GB/T 13869 的规定。

　　6.11.3　地下有限空间内使用的照明设备电压应不大于 36 V。

7. 作业

　　7.1　作业安全

　　7.1.1　作业负责人应确认作业环境、作业程序、安全防护设备、个体防护装备及应急救援设备符合要求后，方可安排作业者进入地下有限空间作业。

7.1.2 作业者应遵守地下有限空间作业安全操作规程，正确使用安全防护设备与个体防护装备，并与监护者进行有效的信息沟通。

7.1.3 进入 3 级环境中作业，应对作业面气体浓度进行实时监测。

7.1.4 进入 2 级环境中作业，作业者应携带便携式气体检测报警设备连续监测作业面气体浓度。同时，监护者应对地下有限空间内气体进行连续监测。

7.1.5 据初始检测结果判定为 3 级环境的，作业过程中应至少保持自然通风。

7.1.6 降低为 2 级或 3 级环境，以及始终维持为 2 级环境的，作业过程中应使用机械通风设备持续通风。

7.1.7 作业期间发生下列情况之一时，作业者应立即撤离地下有限空间：

a) 作业者出现身体不适；

b) 安全防护设备或个体防护装备失效；

c) 气体检测报警仪报警；

d) 监护者或作业负责人下达撤离命令。

7.2 监护

7.2.1 监护者应在地下有限空间外全程持续监护。

7.2.2 监护者应能跟踪作业者作业过程，实时掌握监测数据，适时与作业者进行有效的信息沟通。

7.2.3 作业者进入 2 级环境中作业，监护者应按照本标准第7.1.4 条的规定进行实时监测。

7.2.4 发现异常时，监护者应立即向作业者发出撤离警报，并协助作业者逃生。

7.2.5 监护者应防止未经许可的人员进入作业区域。

7.3 作业后清理

7.3.1 作业完成后，作业者应将全部作业设备和工具带离地下有限空间。

7.3.2 监护者应清点人员及设备数量，确保地下有限空间内无人员和设备遗留后，关闭出入口。

7.3.3　清理现场后解除作业区域封闭措施，撤离现场。

九、《地下有限空间作业安全技术规范　第2部分：气体检测与通风》（DB 11/852.2—2013）

前　言

DB 11/852《地下有限空间作业安全技术规范》拟分成部分出版，目前计划发布如下部分：

第1部分：通则；

第2部分：气体检测与通风。

本部分为 DB 11/852 的第2部分。

本部分 4.2.2、4.3、4.6.2、5.2、5.3.2 为强制性条款，其他为推荐性条款。

本部分按照 GB/T 1.1—2009 给出的规则起草。

本部分由北京市安全生产监督管理局提出并归口。

本部分由北京市安全生产监督管理局组织实施。

本部分起草单位：北京市政路桥管理养护集团有限公司。

本部分主要起草人：吕坤、常纪文、张毅、丁大鹏、姬国明、刘小林、李建军、李东明、洪南、王贵春、刘鸿洲、王志顺、张健、王陆军、靳大力、李久峰、刘春生、黄丽婷

地下有限空间作业安全技术规范　第2部分：气体检测与通风

1. 范围

本部分规定了地下有限空间作业气体检测、通风的技术要求。

本部分适用于电力、热力、燃气、给排水、环境卫生、通信、广播电视等设施涉及的地下有限空间常规作业及其管理。其他地下有限空间作业可参照本部分执行。

2. 规范性引用文件

下列文件对于本文件的应用是必不可少的。凡是注日期的引用文件，仅所注日期的版本适用于本文件。凡是不注日期的引用文件，其

最新版本（包括所有的修改单）适用于本文件。

GB 12358　作业环境气体检测报警仪通用技术要求

GBZ 2.1　工作场所有害因素职业接触限值　第 1 部分：化学有害因素

3. 术语与定义

下列术语和定义适用于本部分。

3.1　气体检测报警仪　monitoring and alarming devices for gas

用于检测和报警工作场所空气中氧气、可燃气和有毒有害气体浓度或含量的仪器，由探测器和报警控制器组成，当气体含量达到仪器设置的条件时可发出声光报警信号。常用的有固定式、移动式和便携式气体检测报警仪。

3.2　评估检测　evaluation detection

作业前，对地下有限空间气体进行的检测，检测值作为地下有限空间环境危险性分级和采取防护措施的依据。

3.3　准入检测　admittance detection

进入前，对地下有限空间气体进行的检测，检测值作为作业者进入地下有限空间的准入和环境危险性再次分级的依据。

3.4　监护检测　monitoring detection

作业时，监护者在地下有限空间外通过泵吸式气体检测报警仪或设置在地下有限空间内的远程在线检测设备，对地下有限空间气体进行的连续地检测，检测值作为监护者实施有效监护的依据。

3.5　个体检测　individual detection

作业时，作业者通过随身携带的气体检测报警仪，对作业面气体进行的动态检测，检测值作为作业者采取措施的依据。

3.6　爆炸下限　low explosive limit

可燃气或蒸气在空气中的最低爆炸浓度。

3.7　最高容许浓度　maximum allowable concentration

工作地点、在一个工作日内、任何时间有毒化学物质均不应超过的浓度。

3.8　时间加权平均容许浓度　permissible concentration-time

weighted average

以时间为权数规定的 8 h 工作日、40 h 工作周的平均容许接触浓度。

3.9　短时间接触容许浓度　permissible concentration-short term exposure limit

在遵守时间加权平均容许浓度的前提下，容许短时间（15 min）接触的浓度。

3.10　直读式仪器　direct-reading detectors

能够瞬间检测空气中的氧气、可燃气和有毒有害气体并显示其浓度或含量的分析仪器。

4　气体检测

4.1　一般要求

4.1.1　气体检测报警仪的使用应严格按照使用说明书和本规范的要求操作。

4.1.2　地下有限空间设置固定式气体检测报警系统的，作业过程中应全程运行。

4.1.3　气体检测报警仪每年至少标定 1 次。应标定零值、预警值、报警值，使用的被测气体的标准混合气体（或代用气体）应符合要求，其浓度的误差（不确定度）应小于被标仪器的检测误差。标定应做好记录，内容包括标定时间、标准气规格和标定点等。

4.1.4　地下有限空间的管理单位，宜设置远程监测设施进行气体监测，并建立地下有限空间环境条件档案。

4.1.5　地下有限空间气体环境复杂时，作业单位宜委托具有相应检测能力的单位进行检测。

4.1.6　作业中气体检测报警仪达到预警值时，未佩戴正压隔绝式呼吸防护用品的作业人员应立即撤离地下有限空间。任何情况下气体检测报警仪达到报警值时，所有作业人员应立即撤离有限空间。

4.2　检测内容

4.2.1　在进行气体检测前，应对地下有限空间及其周边环境进行调查，分析地下有限空间内气体种类。

4.2.2 应至少检测氧气、可燃气、硫化氢、一氧化碳。

4.3 预警值和报警值的设定

4.3.1 氧气检测应设定缺氧报警和富氧报警两级检测报警值，缺氧报警值应设定为 19.5%，富氧报警值应设定为 23.5%。

4.3.2 可燃气体和有毒有害气体应设定预警值和报警值两级检测报警值。部分有毒有害气体的预警值和报警值参见附录 A。

4.3.3 可燃气预警值应为爆炸下限的 5%，报警值应为爆炸下限的 10%。

4.3.4 有毒有害气体预警值应为 GBZ 2.1 规定的最高容许浓度或短时间接触容许浓度的 30%，无最高容许浓度和短时间接触容许浓度的物质，应为时间加权平均容许浓度的 30%。

4.3.5 有毒有害气体报警值应为 GBZ 2.1 规定的最高容许浓度或短时间接触容许浓度，无最高容许浓度和短时间接触容许浓度的物质，应为时间加权平均容许浓度。

4.4 气体检测报警仪要求

4.4.1 气体检测报警仪应使用符合 GB 12358 要求的直读式仪器。

4.4.2 气体检测报警仪的检测范围、检测和报警精度应满足工作要求。

4.4.3 作业者经常活动的地下有限空间，宜设置固定式气体检测报警仪。

4.5 检测点的确定

4.5.1 评估及准入检测点确定应满足下列要求：

a) 检测点的数量不应少于 3 个。

b) 上、下检测点，距离地下有限空间顶部和底部均不应超过 1 m，中间检测点均匀分布，检测点之间的距离不应超过 8 m。

4.5.2 监护检测点应设置在作业者的呼吸带高度内，不应设置在通风机送风口处。

4.6 检测方法

4.6.1 地下有限空间内积水、积泥时，应先在地下有限空间外利用工具进行充分搅动。

4.6.2　评估检测、准入检测、监护检测时，检测人员应在地下有限空间外的上风口进行。地下有限空间内有人作业时，监护检测应连续进行。

4.6.3　不同检测点的检测，应从出入口开始，按由上至下、由近至远的顺序进行。

4.6.4　同一检测点不同气体的检测，应按氧气、可燃气和有毒有害气体的顺序进行。

4.6.5　每个检测点的检测时间，应大于仪器响应时间，有采样管的应增加采样管的通气时间。

4.6.6　每个检测点的每种气体应连续检测 3 次，以检测数据的最高值为依据。

4.6.7　两次检测的间隔时间应大于仪器恢复时间。

4.6.8　检测时，检测值超出气体检测报警仪测量范围，应立即使气体检测报警仪脱离检测环境，在空气洁净的环境中待气体检测报警仪指示回零后，方可进行下一次检测。气体检测报警仪发生故障报警，应立即停止检测。

4.7　检测记录

4.7.1　气体检测应做好记录，至少包括以下内容：

a）检测日期；

b）检测地点；

c）检测位置；

d）检测方法和仪器；

e）温度、气压；

f）检测时间；

g）检测结果；

h）监护者。

4.7.2　监护者应将评估检测数据、准入检测数据和分级结果，告知作业者并履行签字手续。

4.7.3　监护检测应每 15 min 至少记录 1 个瞬时值。

5 通风

5.1 一般要求

5.1.1 采用机械通风作业前，应先进行自然通风。

5.1.2 地下有限空间通风条件复杂时，宜进行通风设计并经作业单位审批后作业。

5.2 自然通风

5.2.1 作业前，应开启地下有限空间的门、窗、通风口、出入口、人孔、盖板、作业区及上下游井盖等进行自然通风，时间不应低于 30 min。

5.2.2 作业中，不应封闭地下有限空间的门、窗、通风口、出入口、人孔、盖板、作业区及上、下游井盖等，并做好安全警示及周边拦护。

5.3 机械通风

5.3.1 机械通风应满足下列要求：

a）作业区横断面平均风速不小于 0.8 m/s 或通风换气次数不小于 20 次/h。

b）地下有限空间只有一个出入口时，应将通风设备出风口置于作业区底部，进行送风作业。

c）地下有限空间有两个或两个以上出入口、通风口时，应在临近作业者处进行送风，远离作业者处进行排风。必要时，可设置挡板或改变吹风方向以防止出现通风死角。

d）送风设备吸风口应置于洁净空气中，出风口应设置在作业区，不应直对作业者。

5.3.2 发生下列情况之一时，应进行连续机械通风：

a）评估检测达到报警值。

b）准入检测达到预警值。

c）监护检测或个体检测，达到预警值。

d）地下有限空间内进行涂装作业、防水作业、防腐作业、明火作业、内燃机作业及热熔焊接作业等。

附录 A

（资料性附录）

部分有毒有害气体预警值和报警值

气体名称	预警值		报警值	
	mg/m³	20℃，ppm	mg/m³	20℃，ppm
硫化氢	3	2	10	7
氯化氢	0.22	0.14	0.75	0.49
氰化氢	0.3	0.2	1	0.8
溴化氢	3	0.8	10	2.9
一氧化碳	9	7	30	25
一氧化氮	4.5	3.6	15	12
二氧化碳	5 400	2 950	18 000	9 836
二氧化氮	3	1.5	10	5.2
二氧化硫	3	1.3	10	4.4
二硫化碳	3	0.9	10	3.1
苯	3	0.9	10	3
甲苯	30	7.8	100	26
二甲苯	30	6.8	100	22
氨	9	12	30	42
氯	0.3	0.1	1	0.33
甲醛	0.15	0.12	0.5	0.4
乙酸	6	2.4	20	8
丙酮	135	55	450	185

十、《地下有限空间作业安全技术规范　第 3 部分：防护设备设施配置》（DB 11/852.3—2014）

前　言

DB 11/852《地下有限空间作业安全技术规范》拟分成部分出版，目前计划发布如下部分：

——第 1 部分：通则；

——第 2 部分：气体检测与通风；

——第 3 部分：防护设备设施配置。

本部分为 DB 11/852 的第 3 部分。

本部分 4.4、5.1、6.1、7.2 为强制性条款，其余为推荐性条款。表 B.1 部分指标强制。

本部分按照 GB/T 1.1—2009 给出的规则起草。

本部分由北京市安全生产监督管理局提出并归口。

本部分由北京市安全生产监督管理局组织实施。

本部分起草单位：北京市劳动保护科学研究所。

本部分主要起草人：刘艳、常纪文、秦妍、胡玢、陈娅、董艳、汪彤、马虹、刘英杰、赵岩。

地下有限空间作业安全技术规范第 3 部分：防护设备设施配置

1 范围

本部分规定了地下有限空间作业防护设备设施基本要求、安全警示设施、作业防护设备、个体防护用品、应急救援设备设施配置的要求。

本部分适用于电力、热力、燃气、给排水、环境卫生、通信、广播电视设施涉及的地下有限空间防护设备设施配置。其他地下有限空间防护设备设施配置可参照本部分执行。

2 规范性引用文件

下列文件对于本文件的应用是必不可少的。凡是注日期的引用文件，仅所注日期的版本适用于本文件。凡是不注日期的引用文件，其最新版本（包括所有的修改单）适用于本文件。

GB 2893 安全色

GB 2894 安全标志及其使用导则

GB 3836.1 爆炸性环境 第 1 部分：设备通用要求

GB/T 11651 个体防护装备选用规范

GB 12358 作业场所环境气体检测报警仪 通用技术要求

GBZ 158 工作场所职业病危害警示标识

DB 11/ 852.1 地下有限空间作业安全技术规范 第 1 部分：通则

DB 11/ 852.2 地下有限空间作业安全技术规范 第 2 部分：气体检测与通风

DB 11/ 854 占道作业交通安全设施设置技术要求

3 基本要求

3.1 防护设备设施应符合相应产品的国家标准或行业标准要求；对于无国家标准和行业标准规定的设备设施，应通过相关法定检验机构型式检验合格。

3.2 地下有限空间内为易燃易爆环境的，应配备符合 GB 3836.1 规定的防爆型电气设备。

3.3 地下有限空间管理单位和作业单位应对防护设备设施进行如下管理：

a）应建立防护设备设施登记、清查、使用、保管等安全管理制度；

b）应设专人负责防护设备设施的维护、保养、计量、检定和更换等工作，发现设备设施影响安全使用时，应及时修复或更换；

c）防护设备设施技术资料、说明书、维修记录和计量检定报告应存档保存，并易于查阅。

4 安全警示设施

4.1 应在有限空间地面出入口周边使用牢固可靠的围挡设施封闭作业区域，封闭区域应满足安全作业要求。

4.2 应在地下有限空间出入口周边显著位置设置安全标志、警示标识。安全标志和警示标识颜色应符合 GB 2893 的规定，样式应符合 GB 2894、GBZ 158 中的规定。

4.3 安全告知牌可替代安全标志和警示标识，安全告知牌应符合附录 A 中图 A.1 的要求。

4.4 围挡设施、安全标志、警示标识或安全告知牌等安全警示设施配置应符合附录 B 中表 B.1 的要求。

4.5 当进行占路作业时，交通安全设施设置应符合 DB 11/854 的要求。

5 作业防护设备

5.1 气体检测报警仪、通风设备、照明设备、通信设备、三脚架等作业防护设备配置种类及数量应符合附录 B 中表 B.1 的要求。

5.2 气体检测报警仪技术指标应符合 GB 12358 的要求，应至少能检测氧气、可燃气、硫化氢、一氧化碳。

5.3 送风设备应配有可将新鲜空气送入地下有限空间的风管，风管长度应能确保送入地下有限空间底部。

5.4 手持照明设备电压应不大于 24 V，在积水、结露的地下有限空间作业，手持照明电压应不大于 12 V。

6 个体防护用品

6.1 呼吸防护用品、全身式安全带、安全绳、安全帽等个体防护用品配置种类和数量应符合附录 B 中表 B.1 的要求。

6.2 作业现场应有与安全绳、速差式自控器、绞盘绳索等连接的安全、牢固的挂点。

6.3 应按照 GB/T 11651 的要求，为作业者配置防护鞋、防护服、防护眼镜、护听器等个体防护用品，并满足以下要求：

a) 易燃易爆环境，应配置防静电服、防静电鞋，全身式安全带金属件应经过防爆处理；

b) 涉水作业环境，应配置防水服、防水胶鞋；

c) 当地下有限空间作业场所噪声大于 85 dB（A）时，应配置耳塞或耳罩。

7 应急救援设备设施

7.1 作业点 400 m 范围内应配置应急救援设备设施。

7.2 应急救援设备设施配置种类及数量应符合附录 B 中表 B.1 的要求。

附录 A

（规范性附录）

地下有限空间作业安全告知牌样式

图 A.1 给出了地下有限空间作业安全告知牌的样式。

严禁无关人员
进入有限空间

禁止入内

危　险

当心缺氧　　当心中毒　　当心爆炸

作业场所浓度要求

- 硫化氢
作业场所最高容许浓度：10mg/m³
- 氧含量
空气中氧含量：不低于 19.5%
- 甲烷
爆炸下限 5%
- 一氧化碳
爆炸下限 12.5%
时间加权平均容许浓度：20mg/m³
短时间接触容许浓度：30mg/m³

安全操作注意事项

（一）严格执行作业审批制度，经作业负责人批准后方可作业

（二）坚持先检测后作业的原则，在作业开始前，对危险有害因素浓度进行检测

（三）应根据检测结果进行作业环境分级

（四）必须采取充分的通风换气措施，确保整个作业期间处于安全受控状态

（五）作业者应根据作业环境，配备并使用合适的个体防护用品，如安全带（绳）、正压式隔绝式呼吸器等

（五）必须安排监护者。监护者应密切监视作业状况，不得离岗

（六）发现异常情况，应及时报警

注意通风　　必须戴防毒面具　　必须系安全带

报警急救电话：110、119、120

图 A.1　地下有限空间作业安全告知牌样式

附录 B
（规范性附录）

防护设备设施配置表

表 B.1 规定了地下有限空间作业防护设备设施配置要求。

表 B.1 所示的黑体字部分为强制性条款。

表 B.1　　　　　　　　　防护设备设施配置表

设备设施种类及配置要求		作业			应急救援
		评估检测为1级或2级，且准入检测为2级	评估检测为1级或2级，且准入检测为3级	评估检测和准入检测均为3级	
安全警示设施	配置状态	●	●	●	●
	配置要求	地下有限空间地面出入口周边应至少配置：1）1套围挡设施；2）1套安全标志、警示标识或1个具有双向警示功能的安全告知牌	地下有限空间地面出入口周边应至少配置：1）1套围挡设施；2）1套安全标志、警示标识或1个具有双向警示功能的安全告知牌	地下有限空间地面出入口周边应至少配置：1）1套围挡设施；2）1套安全标志、警示标识或1个具有双向警示功能的安全告知牌	应至少配置1套围挡设施
气体检测报警仪	配置状态	●	●	●	○
	配置要求	1）作业前，每个作业者进入有限空间的入口应配置1台泵吸式气体检测报警仪 2）作业中，每个作业面应至少有1名作业者配置1台泵吸式或扩散式气体检测报警仪，监护者应配置1台泵吸式气体检测报警仪	1）作业前，每个作业者进入有限空间的入口应配置1台泵吸式气体检测报警仪 2）作业中，每个作业面应至少配置1台气体检测报警仪	1）作业前，每个作业者进入有限空间的入口应配置1台泵吸式气体检测报警仪 2）作业中，每个作业面应至少配置1台气体检测报警仪	宜配置1台泵吸式气体检测报警仪
通风设备	配置状态	●	●	○	●
	配置要求	应至少配置1台强制送风设备	应至少配置1台强制送风设备	宜配置1台强制送风设备	应至少配置1台强制送风设备
照明设备	配置状态	●	●	●	●
通信设备	配置状态	○	○	○	●
三脚架	配置状态	○	○	○	●

续表

设备设施种类及配置要求		作业			应急救援
		评估检测为1级或2级，且准入检测为2级	评估检测为1级或2级，且准入检测为3级	评估检测和准入检测均为3级	
三脚架	配置要求	每个有限空间出入口宜配置1套三脚架（含绞盘）	每个有限空间出入口宜配置1套三脚架（含绞盘）	每个有限空间出入口宜配置1套三脚架（含绞盘）	每个有限空间救援出入口应配置1套三脚架（含绞盘）
呼吸防护用品	配置状态	●	○	○	●
	配置要求	每名作业者应配置1套正压隔绝式呼吸器	每名作业者宜配置1套正压隔绝式逃生呼吸器	每名作业者宜配置1套正压隔绝式逃生呼吸器	每名救援者应配置1套正压式空气呼吸器或高压送风式呼吸器
安全带、安全绳	配置状态	●	●	○	●
	配置要求	每名作业者应配置1套全身式安全带、安全绳	每名作业者应配置1套全身式安全带、安全绳	每名作业者宜配置1套全身式安全带、安全绳	每名救援者应配置1套全身式安全带、安全绳
安全帽	配置状态	●	●	●	●
	配置要求	每名作业者应配置1个安全帽	每名作业者应配置1个安全帽	每名作业者应配置1个安全帽	每名救援者应配置1个安全帽

配置状态中●表示应配置；○表示宜配置

本表所列防护设备设施的种类及数量是最低配置要求

发生地下有限空间作业事故后，作业配置的防护设备设施符合应急救援设备设施配置要求时，可作为应急救援设备设施使用

附录 2　常见易燃易爆物质爆炸极限

常见易燃易爆气体/蒸气爆炸极限表

序号	物质名称	爆炸浓度（V%）		蒸气密度 （kg/m³）
		爆炸下限	爆炸上限	
1	甲烷	5.0	15.0	0.77
2	乙烷	3.0	15.5	1.34
3	丙烷	2.1	9.5	2.07
4	丁烷	1.9	8.5	2.59
5	戊烷	1.4	7.8	3.22
6	己烷	1.1	7.5	3.88
7	环丙烷	2.4	10.4	1.94
8	环己烷	1.3	8.0	3.75
9	甲基环己烷	1.2	6.7	4.40
10	乙烯	2.7	36	1.29
11	丙烯	2.0	11.1	1.94
12	乙炔	2.5	100	1.16
13	苯	1.45	8.0	3.62
14	甲苯	1.2	7.1	4.01
15	乙苯	1.0	6.7	4.73
16	邻—二甲苯	1.0	6.0	4.78
17	间—二甲苯	1.1	7.0	4.78
18	对—二甲苯	1.1	7.0	4.78
19	苯乙烯	1.1	6.1	4.64
20	一氧化碳	12.5	74.2	1.29
21	环氧乙烷	3.6	100	1.94
22	乙醚	1.9	36	3.36
23	甲醇	6.7	36	1.42

续表

序号	物质名称	爆炸浓度（V%）		蒸气密度（kg/m³）
		爆炸下限	爆炸上限	
24	乙醇	3.3	19	2.06
25	异丙醇	2.0	12	2.72
26	甲醛	7.0	73	1.29
27	乙醛	4.0	60	1.94
28	丙酮	2.6	12.8	2.59
29	环己酮	1.1	8.1	4.40
30	乙酸	5.4	16	2.72
31	乙酸乙酯	2.2	11.0	3.88
32	乙酸丁酯	1.7	7.6	5.17
33	氯乙烷	3.8	15.4	2.84
34	氯乙烯	3.6	33	2.84
35	硫化氢	4.3	45.5	1.54
36	二硫化碳	1.3	5.5	3.36
37	氨	16.0	25.0	0.78
38	乙腈	4.4	16.0	1.81
39	甲胺	4.9	20.1	2.72
40	氢	4.0	75	0.09
41	天然气	5	15	
42	城市煤气	4.0		0.65
43	液化石油气	1.02	1.510	
44	汽油	1.1	5.9	4.14
45	煤油	0.6		6.47

二、常见粉尘爆炸下限表

名称	爆炸下限（g/m³）	名称	爆炸下限（g/m³）	名称	爆炸下限（g/m³）
铝粉末	58.0	木质	30.2	硫黄	2.3
豌豆	8.0	亚麻皮屑	16.7	硫矿粉	13.9
二苯基	12.5	硫的磨碎粉末	10.1	烟草末	68.0
木屑	65.0	奶粉	7.6	棉花	25.2
樟脑	10.1	面粉	30.2	Ⅰ级硬橡胶粉尘	7.6
煤末	114.0	沥青	15.0	谷仓尘末	227.0
松香	5.0	染料	270.0	马铃薯淀粉	40.3

附录 3　工作场所有害因素职业接触限值

序号	中文名	英文名	化学文摘号（CAS No.）	OELs（mg/m³）			备注
				MAC	PC-TWA	PC-STEL	
1	安妥	Antu	86-88-4	—	0.3	—	—
2	氨	Ammonia	7664-41-7	—	20	30	—
3	2-氨基吡啶	2-Aminopyridine	504-29-0	—	2	—	皮
4	氨基磺酸铵	Ammonium sulfamate	7773-06-0	—	6	—	—
5	氨基氰	Cyanamide	420-04-2	—	2	—	—
6	奥克托今	Octogen	2691-41-0	—	2	4	—
7	巴豆醛	Crotonaldehyde	4170-30-3	12	—	—	—
8	百草枯	Paraquat	4685-14-7	—	0.5	—	—
9	百菌清	Chlorothalonile	1897-45-6	1	—	—	G2Bc
10	钡及其可溶性化合物 c（按 Ba 计）	Barium and soluble compounds, as Ba	7440-39-3（Ba）	—	0.5	1.5	—
11	倍硫磷	Fenthion	55-38-9	—	0.2	0.3	皮
12	苯	Benzene	71-43-2	—	6	10	皮，G1

序号	中文名	英文名	化学文摘号 (CAS No.)	OELs (mg/m^3)			备注
				MAC	PC-TWA	PC-STEL	
13	苯胺	Aniline	62-53-3	—	3	—	皮
14	苯基醚（二苯醚）	Phenyl ether	101-84-8	—	7	14	—
15	苯硫磷	EPN	2104-64-5	—	0.5	—	皮
16	苯乙烯	Styrene	100-42-5	—	50	100	皮，G2B
17	吡啶	Pyridine	110-86-1	—	4	—	—
18	苄基氯	Benzyl chloride	100-44-7	5	—	—	G2A
19	丙醇	Propyl alcohol	71-23-8	—	200	300	—
20	丙酸	Propionic acid	79-09-4	—	30	—	—
21	丙酮	Acetone	67-64-1	—	300	450	—
22	丙酮氰醇 （按 CN 计）	Acetone cyanohydrin, as CN	75-86-5	3	—	—	皮
23	丙烯醇	Allyl alcohol	107-18-6	—	2	3	皮
24	丙烯腈	Acrylonitrile	107-13-1	—	1	2	皮，G2B
25	丙烯醛	Acrolein	107-02-8	0.3	—	—	皮
26	丙烯酸	Acrylic acid	79-10-7	—	6	—	皮
27	丙烯酸甲酯	Methyl acrylate	96-33-3	—	20	—	皮，敏
28	丙烯酸正丁酯	n-Butyl acrylate	141-32-2	—	25	—	敏
29	丙烯酰胺	Acrylamide	79-06-1	—	0.3	—	皮，G2A
30	草酸	Oxalic acid	144-62-7	—	1	2	—
31	重氮甲烷	Diazomethane	334-88-3	—	0.35	0.7	—
32	抽余油 （60~220℃）	Raffinate （60~220℃）		—	300	—	—
33	臭氧	Ozone	10028-15-6	0.3	—	—	—
34	滴滴涕（DDT）	Dichlorodiphenyltri-chloroethane（DDT）	50-29-3	—	0.2	—	G2B
35	敌百虫	Trichlorfon	52-68-6	—	0.5	1	—
36	敌草隆	Diuron	330-54-1	—	10	—	—

序号	中文名	英文名	化学文摘号 (CAS No.)	OELs (mg/m³)			备注
				MAC	PC-TWA	PC-STEL	
37	碲化铋（按 Bi₂Te₃ 计）	Bismuth telluride, as Bi₂Te₃	1304-82-1	—	5	—	—
38	碘	Iodine	7553-56-2	1	—	—	—
39	碘仿	Iodoform	75-47-8	—	10	—	—
40	碘甲烷	Methyl iodide	74-88-4	—	10	—	皮
41	叠氮酸蒸气	Hydrazoicacid vapor	7782-79-8	0.2	—	—	—
42	叠氮化钠	Sodium azide	26628-22-8	0.3	—	—	—
43	丁醇	Butyl alcohol	71-36-3	—	100	—	—
44	1，3-丁二烯	1，3-Butadiene	106-99-0	—	5	—	—
45	丁醛	Butylaldehyde	123-72-8	—	5	10	—
46	丁酮	Methyl ethyl ketone	78-93-3	—	300	600	—
47	丁烯	Butylene	25167-67-3	—	100	—	—
48	毒死蜱	Chlorpyrifos	2921-88-2	—	0.2	—	皮
49	对苯二甲酸	Terephthalic acid	100-21-0	—	8	15	—
50	对二氯苯	p-Dichlorobenzene	106-46-7	—	30	60	G2B
51	对茴香胺	p-Anisidine	104-94-9	—	0.5	—	皮
52	对硫磷	Parathion	56-38-2	—	0.05	0.1	皮
53	对特丁基甲苯	p-Tert-butyltoluene	98-51-1	—	6	—	—
54	对硝基苯胺	p - Nitroaniline	100-01-6	—	3	—	皮
55	对硝基氯苯	p-Nitrochloro- benzene	100-00-5	—	0.6	—	皮
56	多次甲基多苯 基多异氰酸酯	Polymetyhlene poly- phenylisocyanate (PMPPI)	57029-46-6	—	0.3	0.5	—
57	二苯胺	Diphenylamine	122-39-4	—	10	—	—
58	二苯基甲烷 二异氰酸酯	Diphenylmethane di- isocyanate	101-68-8	—	0.05	0.1	—
59	二丙二醇甲醚	Dipropylene glycol- methyl ether	34590-94-8	—	600	900	皮

续表

序号	中文名	英文名	化学文摘号 (CAS No.)	OELs (mg/m³)			备注
				MAC	PC-TWA	PC-STEL	
60	2-N-二丁氨基乙醇	2-N-Dibutylamin-oethanol	102-81-8	—	4	—	皮
61	二噁烷	1，1，4-Dioxane	123-91-1	—	70	—	皮，G2B
62	二氟氯甲烷	Chlorodifluoromethane	75-45-6	—	3 500	—	—
63	二甲胺	Dimethylamine	124-40-3	—	5	10	—
64	二甲苯（全部异构体）	Xylene (all isomers)	1330-20-7；95-47-6；108-38-3	—	50	100	—
65	二甲基苯胺	Dimethylanilne	121-69-7	—	5	10	皮
66	1，3-二甲基丁基醋酸酯（仲乙酸己酯）	1，3- Dimethylbutyl acetate（sec-hexylac-etate）	108-84-9	—	300	—	—
67	二甲基二氯硅烷	Dimethyl dichlorosi-lane	75-78-5	2	—	—	—
68	二甲基甲酰胺	Dimethylformamide（DMF）	68-12-2	—	20	—	皮
69	3，3-二甲基联苯胺	3，3-Dimethylbenzidine	119-93-7	0.02	—	—	皮，G2B
70	N，N-二甲基乙酰胺	Dimethyl acetamide	127-19-5	—	20	—	皮
71	二聚环戊二烯	Dicyclopentadiene	77-73-6	—	25	—	—
72	二硫化碳	Carbon disulfide	75-15-0	—	5	10	皮
73	1，1-二氯-1-硝基乙烷	1，1-Dichloro-1-ni-troethane	594-72-9	—	12	—	—
74	1，3-二氯丙醇	1，3-Dichloropropa-nol	96-23-1	—	5	—	皮
75	1，2-二氯丙烷	1，2-Dichloropropane	78-87-5	—	350	500	—
76	1，3-二氯丙烯	1，3-Dichloropropene	542-75-6	—	4	—	皮，G2B
77	二氯二氟甲烷	Dichlorodifluorometh-ane	75-71-8	—	5 000	—	—
78	二氯甲烷	Dichloromethane	75-09-2	—	200	—	G2B

序号	中文名	英文名	化学文摘号 (CAS No.)	OELs (mg/m³)			备注
				MAC	PC-TWA	PC-STEL	
79	二氯乙炔	Dichloroacetylene	7572-29-4	0.4	—		
80	1，2-二氯乙烷	1，2-Dichloroethane	107-06-2	—	7	15	G2B
81	1，2-二氯乙烯	1，2-Dichloroethyl-ene	540-59-0	—	800		
82	二缩水甘油醚	Diglycidyl ether	2238-07-5	—	0.5		
83	二硝基苯（全部异构体）	Dinitrobenzene (all isomers)	528-29-0；99-65-0；100-25-4	—	1	—	皮
84	二硝基甲苯	Dinitrotoluene	25321-14-6	—	0.2	—	皮，G2B（2，4-二硝基甲苯；2，6-二硝基甲苯)
85	4，6-二硝基邻苯甲酚	4，6-Dinitro-o-cresol	534-52-1	—	0.2	—	皮
86	二硝基氯苯	Dinitrochloro-benzene	25567-67-3	—	0.6	—	皮
87	二氧化氮	Nitrogen dioxide	10102-44-0	—	5	10	—
88	二氧化硫	Sulfur dioxide	7446-09-5	—	5	10	—
89	二氧化氯	Chlorine dioxide	10049-04-4	—	0.3	0.8	—
90	二氧化碳	Carbon dioxide	124-38-9	—	9 000	18 000	—
91	二氧化锡（按Sn 计）	Tin dioxide, as Sn	1332-29-2	—	2	—	—
92	2-二乙氨基乙醇	2-Diethylaminoeth-anol	100-37-8	—	50	—	皮
93	二亚乙基三胺	Diethylene triamine	111-40-0	—	4	—	皮
94	二乙基甲酮	Diethyl ketone	96-22-0	—	700	900	
95	二乙烯基苯	Divinyl benzene	1321-74-0	—	50	—	
96	二异丁基甲酮	Diisobutyl ketone	108-83-8	—	145		
97	二异氰酸甲苯酯（TDI）	Toluene-2，4 -diiso-cyanate（TDI）	584-84-9	—	0.1	0.2	敏，G2B

序号	中文名	英文名	化学文摘号 (CAS No.)	OELs（mg/m³）			备注
				MAC	PC-TWA	PC-STEL	
98	二月桂酸二丁基锡	Dibutyltin dilaurate	77-58-7	—	0.1	0.2	皮
99	钒及其化合物（按 V 计）	Vanadium and compounds, as V	7440-62-6 (V)				
	五氧化二钒烟尘	Vanadium pentoxide fume、dust		—	0.05	—	—
	钒铁合金尘	Ferrovanadium alloy dust		—	1		
100	酚	Phenol	108-95-2	—	10	—	皮
101	呋喃	Furan	110-00-9	—	0.5	—	G2B
102	氟化氢（按 F 计）	Hydrogen fluoride, as F	7664-39-3	2	—	—	—
103	氟化物（不含氟化氢）（按 F 计）	Fluorides （except HF）, as F			2		
104	锆及其化合物（按 Zr 计）	Zirconium and compounds, as Zr	7440-67-7 (Zr)	—	5	10	—
105	镉及其化合物（按 Cd 计）	Cadmium and compounds, as Cd	7440-43-9 (Cd)	—	0.01	0.02	G1
106	汞-金属汞（蒸气）	Mercury metal （vapor）	7439-97-6	—	0.02	0.04	皮
107	汞-有机汞化合物（按 Hg 计）	Mercury organic compounds, as Hg		—	0.01	0.03	皮
108	钴及其氧化物（按 Co 计）	Cobalt and oxides, as Co	7440-48-4 (Co)	—	0.05	0.1	G2B
109	光气	Phosgene	75-44-5	0.5	—	—	—
110	癸硼烷	Decaborane	17702-41-9	—	0.25	0.75	皮
111	过氧化苯甲酰	Benzoyl peroxide	94-36-0	—	5	—	—
112	过氧化氢	Hydrogen peroxide	7722-84-1	—	1.5	—	—
113	环己胺	Cyclohexylamine	108-91-8	—	10	20	—
114	环己醇	Cyclohexanol	108-93-0	—	100	—	皮
115	环己酮	Cyclohexanone	108-94-1	—	50	—	皮

序号	中文名	英文名	化学文摘号 (CAS No.)	OELs (mg/m³)			备 注
				MAC	PC-TWA	PC-STEL	
116	环己烷	Cyclohexane	110-82-7	—	250	—	—
117	环氧丙烷	Propylene Oxide	75-56-9	—	5	—	敏，G2B
118	环氧氯丙烷	Epichlorohydrin	106-89-8	—	1	2	皮，G2A
119	环氧乙烷	Ethylene oxide	75-21-8	—	2	—	G1
120	黄磷	Yellow phosphorus	7723-14-0	—	0.05	0.1	—
121	己二醇	Hexylene glycol	107-41-5	100	—	—	—
122	1，6-己二异氰酸酯	Hexamethylene di-isocyanate	822-06-0	—	0.03	—	—
123	己内酰胺	Caprolactam	105-60-2	—	5	—	—
124	2-己酮	2-Hexanone	591-78-6	—	20	40	皮
125	甲拌磷	Thimet	298-02-2	0.01	—	—	皮
126	甲苯	Toluene	108-88-3	—	50	100	皮
127	N-甲苯胺	N-Methyl aniline	100-61-8	—	2	—	皮
128	甲醇	Methanol	67-56-1	—	25	50	皮
129	甲酚（全部异构体）	Cresol（all isomers)	1319-77-3；95-48-7；108-39-4；106-44-5	—	10	—	皮
130	甲基丙烯腈	Methylacrylonitrile	126-98-7	—	3	—	皮
131	甲基丙烯酸	Methacrylic acid	79-41-4	—	70	—	—
132	甲基丙烯酸甲酯	Methyl methacrylate	80-62-6	—	100	—	敏
133	甲基丙烯缩水甘油酯	Glycidyl methacrylate	106-91-2	5	—	—	—
134	甲基肼	Methyl hydrazine	60-34-4	0.08	—	—	皮
135	甲基内吸磷	Methyl demeton	8022-00-2	—	0.2	—	皮

序号	中文名	英文名	化学文摘号 (CAS No.)	OELs (mg/m³)			备 注
				MAC	PC-TWA	PC-STEL	
136	18-甲基炔诺酮（炔诺孕酮）	18-Methyl norgestrel	6533-00-2	—	0.5	2	—
137	甲硫醇	Methyl mercaptan	74-93-1	—	1	—	—
138	甲醛	Formaldehyde	50-00-0	0.5	—	—	敏，G1
139	甲酸	Formic acid	64-18-6	—	10	20	—
140	甲氧基乙醇	2-Methoxyethanol	109-86-4	—	15	—	皮
141	甲氧氯	Methoxychlor	72-43-5	—	10	—	—
142	间苯二酚	Resorcinol	108-46-3	—	20	—	—
143	焦炉逸散物（按苯溶物计）	Coke oven emissions, as benzene soluble matter	—	—	0.1	—	G1
144	肼	Hydrazine	302-01-2	—	0.06	0.13	皮，G2B
145	久效磷	Monocrotophos	6923-22-4	—	0.1	—	皮
146	糠醇	Furfuryl alcohol	98-00-0	—	40	60	皮
147	糠醛	Furfural	98-01-1	—	5	—	皮
148	考的松	Cortisone	53-06-5	—	1	—	—
149	苦味酸	Picric acid	88-89-1	—	0.1	—	—
150	乐果	Rogor	60-51-5	—	1	—	皮
151	联苯	Biphenyl	92-52-4	—	1.5	—	—
152	邻苯二甲酸二丁酯	Dibutyl phthalate	84-74-2	—	2.5	—	—
153	邻苯二甲酸酐	Phthalic anhydride	85-44-9	1	—	—	敏
154	邻二氯苯	o-Dichlorobenzene	95-50-1	—	50	100	—
155	邻茴香胺	o-Anisidine	90-04-0	—	0.5	—	皮，G2B
156	邻氯苯乙烯	o-Chlorostyrene	2038-87-47	—	250	400	—
157	邻氯苄叉丙二腈	o-Chlorobenzylidene malononitrile	2698-41-1	0.4	—	—	皮
158	邻仲丁基苯酚	o-sec-Butylphenol	89-72-5	—	30	—	皮
159	磷胺	Phosphamidon	13171-21-6	—	0.02	—	皮

序号	中文名	英文名	化学文摘号 (CAS No.)	OELs (mg/m³)			备注
				MAC	PC-TWA	PC-STEL	
160	磷化氢	Phosphine	7803-51-2	0.3	—	—	—
161	磷酸	Phosphoric acid	7664-38-2	—	1	3	—
162	磷酸二丁基苯酯	Dibutyl phenyl phosphate	2528-36-1	—	3.5		皮
163	硫化氢	Hydrogen sulfide	7783-06-4	10	—	—	—
164	硫酸钡 (按 Ba 计)	Barium sulfate, as Ba	7727-43-7	—	10		—
165	硫酸二甲酯	Dimethyl sulfate	77-78-1	—	0.5	—	皮, G2A
166	硫酸及三氧化硫	Sulfuric acid and sulfur trioxide	7664-93-9	—	1	2	G1
167	硫酰氟	Sulfuryl fluoride	2699-79-8	—	20	40	—
168	六氟丙酮	Hexafluoroacetone	684-16-2	—	0.5		皮
169	六氟丙烯	Hexafluoropropylene	116-15-4	—	4		
170	六氟化硫	Sulfur hexafluoride	2551-62-4	—	6 000	—	
171	六六六	Hexachlorocyclohexane	608-73-1	—	0.3	0.5	G2B
172	γ-六六六	γ-Hexachlorocyclohexane	58-89-9	—	0.05	0.1	皮, G2B
173	六氯丁二烯	Hexachlorobutadiene	87-68-3	—	0.2		皮
174	六氯环戊二烯	Hexachlorocyclopentadiene	77-47-4	—	0.1		—
175	六氯萘	Hexachloronaphthalene	1335-87-1	—	0.2		皮
176	六氯乙烷	Hexachloroethane	67-72-1	—	10		皮
177	氯	Chlorine	7782-50-5	1	—	—	—
178	氯苯	Chlorobenzene	108-90-7	—	50		—
179	氯丙酮	Chloroacetone	78-95-5	4	—	—	皮
180	氯丙烯	Allyl chloride	107-05-1	—	2	4	—
181	β-氯丁二烯	Chloroprene	126-99-8	—	4	—	皮, G2B

续表

序号	中文名	英文名	化学文摘号 (CAS No.)	OELs（mg/m³）			备注
				MAC	PC-TWA	PC-STEL	
182	氯化铵烟	Ammonium chloride fume	12125-02-9	—	10	20	—
183	氯化苦	Chloropicrin	76-06-2	1	—	—	—
184	氯化氢及盐酸	Hydrogen chloride and chlorhydric acid	7647-01-0	7.5	—	—	—
185	氯化氰	Cyanogen chloride	506-77-4	0.75	—	—	—
186	氯化锌烟	Zinc chloride fume	7646-85-7	—	1	2	—
187	氯甲甲醚	Chloromethyl methyl ether	107-30-2	0.005	—	—	G1
188	氯甲烷	Methyl chloride	74-87-3	—	60	120	皮
189	氯联苯（54%氯）	Chlorodiphenyl (54%Cl)	11097-69-1	—	0.5	—	皮，G2A
190	氯萘	Chloronaphthalene	90-13-1	—	0.5	—	皮
191	氯乙醇	Ethylene chlorohydrin	107-07-3	2	—	—	皮
192	氯乙醛	Chloroacetaldehyde	107-20-0	3	—	—	—
193	氯乙酸	Chloroacetic acid	79-11-8	2	—	—	皮
194	氯乙烯	Vinyl chloride	75-01-4	—	10	—	G1
195	α-氯乙酰苯	α-Chloroacetophenone	532-27-4	—	0.3	—	—
196	氯乙酰氯	Chloroacetyl chloride	79-04-9	—	0.2	0.6	皮
197	马拉硫磷	Malathion	121-75-5	—	2	—	皮
198	马来酸酐	Maleic anhydride	108-31-6	—	1	2	敏
199	吗啉	Morpholine	110-91-8	—	60	—	皮
200	煤焦油沥青挥发物（按苯溶物计）	Coal tar pitch volatiles, as Benzene soluble matters	65996-93-2	—	0.2	—	G1
201	锰及其无机化合物（按 MnO₂ 计）	Manganese and inorganic compounds, as MnO₂	7439-96-5 (Mn)	—	0.15	—	—

序号	中文名	英文名	化学文摘号 (CAS No.)	OELs (mg/m³)			备注
				MAC	PC-TWA	PC-STEL	
202	钼及其化合物 （按 Mo 计）	Molybdeum and compounds, as Mo	7439-98-7 （Mo）				
	钼，不溶性化合物	Molybdeum and insoluble compounds		—	6	—	—
	可溶性化合物	soluble compounds			4		
203	内吸磷	Demeton	8065-48-3	—	0.05	—	皮
204	萘	Naphthalene	91-20-3	—	50	75	皮，G2B
205	2-萘酚	2-Naphthol	2814-77-9	—	0.25	0.5	—
206	萘烷	Decalin	91-17-8	—	60		—
207	尿素	Urea	57-13-6	—	5	10	—
208	镍及其无机化合物（按 Ni 计）	Nickel and inorganic compounds, as Ni	7440-02-0 （Ni）				G1（镍化合物）
	金属镍与难溶性镍化合物	Nickel metal and insoluble compounds			1	—	G2B（金属镍和镍合金）
	可溶性镍化合物	Soluble nickel compounds		—	0.5		
209	铍及其化合物（按 Be 计）	Beryllium and compounds, as Be	7440-41-7 （Be）	—	0.000 5	0.001	G1
210	偏二甲基肼	Unsymmetric dimethylhydrazine	57-14-7	—	0.5	—	皮，G2B
211	铅及其无机化合物（按 Pb 计）	Lead and inorganic Compounds, as Pb	7439-92-1 （Pb）				G2B（铅），G2A（铅的无机化合物）
	铅尘	Lead dust		—	0.05		
	铅烟	Lead fume			0.03		
212	氢化锂	Lithium hydride	7580-67-8	—	0.025	0.05	—
213	氢醌	Hydroquinone	123-31-9	—	1	2	—
214	氢氧化钾	Potassium hydroxide	1310-58-3	2	—	—	—
215	氢氧化钠	Sodium hydroxide	1310-73-2	2	—	—	—

序号	中文名	英文名	化学文摘号 (CAS No.)	OELs（mg/m³）			备　注
				MAC	PC-TWA	PC-STEL	
216	氢氧化铯	Cesium hydroxide	21351-79-1	—	2	—	—
217	氰氨化钙	Calcium cyanamide	156-62-7	—	1	3	—
218	氰化氢（按 CN 计）	Hydrogen cyanide, as CN	74-90-8	1	—	—	皮
219	氰化物（按 CN 计）	Cyanides，as CN	460-19-5 (CN)	1	—	—	皮
220	氰戊菊酯	Fenvalerate	51630-58-1	—	0.05	—	皮
221	全氟异丁烯	Perfluoroisobutylene	382-21-8	0.08	—	—	—
222	壬烷	Nonane	111-84-2	—	500	—	—
223	溶剂汽油	Solvent gasolines	—	—	300	—	—
224	乳酸正丁酯	n-Butyl lactate	138-22-7	—	25	—	—
225	三次甲基三硝基胺（黑索今）	Cyclonite (RDX)	121-82-4	—	1.5	—	皮
226	三氟化氯	Chlorine trifluoride	7790-91-2	0.4	—	—	—
227	三氟化硼	Boron trifluoride	7637-07-2	3	—	—	—
228	三氟甲基次氟酸酯	Trifluoromethyl hypofluorite		0.2	—	—	—
229	三甲苯磷酸酯	Tricresyl phosphate	1330-78-5	—	0.3	—	皮
230	1，2，3-三氯丙烷	1，2，3-Trichloropropane	96-18-4	—	60	—	皮，G2A
231	三氯化磷	Phosphorus trichloride	7719-12-2	—	1	2	—
232	三氯甲烷	Trichloromethane	67-66-3	—	20	—	G2B
233	三氯硫磷	Phosphorous thiochloride	3982-91-0	0.5	—	—	—
234	三氯氢硅	Trichlorosilane	10025-28-2	3	—	—	—
235	三氯氧磷	Phosphorus oxychloride	10025-87-3	—	0.3	0.6	—

续表

序号	中文名	英文名	化学文摘号 (CAS No.)	OELs（mg/m^3）			备注
				MAC	PC-TWA	PC-STEL	
236	三氯乙醛	Trichloroacetalde-hyde	75-87-6	3	—		—
237	1，1，1-三氯乙烷	1，1，1-trichloroeth-ane	71-55-6	—	900		—
238	三氯乙烯	Trichloroethylene	79-01-6		30		G2A
239	三硝基甲苯	Trinitrotoluene	118-96-7		0.2	0.5	皮
240	三氧化铬、铬酸盐、重铬酸盐（按 Cr 计）	Chromium trioxide、chromate、 dichro-mate, as Cr	7440-47-3 (Cr)		0.05		G1
241	三乙基氯化锡	Triethyltin chloride	994-31-0	—	0.05	0.1	皮
242	杀螟松	Sumithion	122-14-5	—	1	2	皮
243	砷化氢（胂）	Arsine	7784-42-1	0.03	—		G1
244	砷及其无机化合物（按 As 计）	Arsenic and inor-ganiccompounds, as As	7440-38-2 (As)		0.01	0.02	G1
245	升汞（氯化汞）	Mercuric chloride	7487-94-7	—	0.025		—
246	石蜡烟	Paraffin wax fume	8002-74-2		2	4	—
247	石油沥青烟（按苯溶物计）	Asphalt （petrole-um）fume, as ben-zene soluble matter	8052-42-4	—	5	—	G2B
248	双（巯基乙酸）二辛基锡	Bis （marcaptoace-tate）dioctyltin	26401-97-8	—	0.1	0.2	—
249	双丙酮醇	Diacetone alcohol	123-42-2	—	240		—
250	双硫醒	Disulfiram	97-77-8		2		—
251	双氯甲醚	Bis （chloromethyl）ether	542-88-1	0.005	—		G1
252	四氯化碳	Carbon tetrachloride	56-23-5	—	15	25	皮，G2B
253	四氯乙烯	Tetrachloroethylene	127-18-4		200		G2A
254	四氢呋喃	Tetrahydrofuran	109-99-9		300		—
255	四氢化锗	Germanium tetra-hydride	7782-65-2	—	0.6	—	—

续表

序号	中文名	英文名	化学文摘号 (CAS No.)	OELs (mg/m³)			备注
				MAC	PC-TWA	PC-STEL	
256	四溴化碳	Carbon tetrabromide	558-13-4	—	1.5	4	—
257	四乙基铅（按 Pb 计）	Tetraethyl lead, as Pb	78-00-2	—	0.02	—	皮
258	松节油	Turpentine	8006-64-2	—	300	—	—
259	铊及其可溶性化合物（按 Tl 计）	Thallium and soluble compounds, as Tl	7440-28-0 (Tl)	—	0.05	0.1	皮
260	钽及其氧化物（按 Ta 计）	Tantalum and oxide, as Ta	7440-25-7 (Ta)	—	5	—	—
261	碳酸钠（纯碱）	Sodium carbonate	3313-92-6	—	3	6	—
262	羰基氟	Carbonyl fluoride	353-50-4	—	5	10	—
263	羰基镍（按 Ni 计）	Nickel carbonyl, as Ni	13463-39-3	0.002	—	—	G1
264	锑及其化合物（按 Sb 计）	Antimony and compounds, as Sb	7440-36-0 (Sb)	—	0.5	—	—
265	铜（按 Cu 计）	Copper, as Cu	7440-50-8				
	铜尘	Copper dust		—	1	—	
	铜烟	Copper fume		—	0.2	—	
266	钨及其不溶性化合物（按 W 计）	Tungsten and insolublecompounds, as W	7440-33-7 (W)	—	5	10	—
267	五氟氯乙烷	Chloropentafluoroethane	76-15-3	—	5 000	—	—
268	五硫化二磷	Phosphorus pentasulfide	1314 -80-3	—	1	3	—
269	五氯酚及其钠盐	Pentachlorophenol and sodium salts	87-86-5	—	0.3	—	皮
270	五羰基铁（按 Fe 计）	Iron pentacarbonyl, as Fe	13463-40-6	—	0.25	0.5	—
271	五氧化二磷	Phosphorus pentoxide	1314-56-3	1	—	—	—
272	戊醇	Amyl alcohol	71-41-0	—	100	—	—

续表

序号	中文名	英文名	化学文摘号 (CAS No.)	OELs (mg/m³)			备注
				MAC	PC-TWA	PC-STEL	
273	戊烷（全部异构体）	Pentane (all isomers)	78-78-4；109-66-0；463-82-1	—	500	1 000	—
274	硒化氢（按 Se 计）	Hydrogen selenide, as Se	7783-07-5	—	0.15	0.3	—
275	硒及其化合物（按 Se 计）（不包括六氟化硒、硒化氢）	Selenium and compounds, as Se (except hexafluoride, hydrogen selenide)	7782-49-2 (Se)	—	0.1		—
276	纤维素	Cellulose	9004-34-6	—	10		—
277	硝化甘油	Nitroglycerine	55-63-0	1	—	—	皮
278	硝基苯	Nitrobenzene	98-95-3	—	2	—	皮，G2B
279	1-硝基丙烷	1-Nitropropane	108-03-2	—	90	—	—
280	2-硝基丙烷	2-Nitropropane	79-46-9	—	30	—	G2B
281	硝基甲苯（全部异构体）	Nitrotoluene (all isomers)	88-72-2；99-08-1；99-99-0	—	10		皮
282	硝基甲烷	Nitromethane	75-52-5	—	50		G2B
283	硝基乙烷	Nitroethane	79-24-3	—	300		—
284	辛烷	Octane	111-65-9	—	500	.	—
285	溴	Bromine	7726-95-6	—	0.6	2	—
286	溴化氢	Hydrogen bromide	10035-10-6	10	—	—	—
287	溴甲烷	Methyl bromide	74-83-9	—	2	—	皮
288	溴氰菊酯	Deltamethrin	52918-63-5	—	0.03	—	—
289	氧化钙	Calcium oxide	1305-78-8	—	2		—
290	氧化镁烟	Magnesium oxide fume	1309-48-4	—	10		—
291	氧化锌	Zinc oxide	1314-13-2	—	3	5	—
292	氧乐果	Omethoate	1113-02-6	—	0.15		皮

序号	中文名	英文名	化学文摘号 (CAS No.)	OELs (mg/m³)			备　注
				MAC	PC-TWA	PC-STEL	
293	液化石油气	Liquified petroleum gas (L. P. G.)	68476-85-7	—	1 000	1 500	—
294	一甲胺	Monomethylamine	74-89-5	—	5	10	—
295	一氧化氮	Nitric oxide (Nitrogen monoxide)	10102-43-9	—	15	—	—
296	一氧化碳	Carbon monoxide	630-08-0				
	非高原	not in high altitude area		—	20	30	—
	高原	In high altitude area					
	海拔2 000~3 000 m	2 000~3 000 m		20	—	—	—
	海拔>3 000 m	>3 000 m		15	—	—	—
297	乙胺	Ethylamine	75-04-7	—	9	18	皮
298	乙苯	Ethyl benzene	100-41-4	—	100	150	G2B
299	乙醇胺	Ethanolamine	141-43-5	—	8	15	—
300	乙二胺	Ethylenediamine	107-15-3	—	4	10	皮
301	乙二醇	Ethylene glycol	107-21-1	—	20	40	—
302	乙二醇二硝酸酯	Ethylene glycol dinitrate	628-96-6	—	0. 3	—	皮
303	乙酐	Acetic anhydride	108-24-7	—	16	—	—
304	N-乙基吗啉	N-Ethylmorpholine	100-74-3	—	25	—	皮
305	乙基戊基甲酮	Ethyl amyl ketone	541-85-5	—	130	—	—
306	乙腈	Acetonitrile	75-05-8	—	30	—	皮
307	乙硫醇	Ethyl mercaptan	75-08-1	—	1	—	—
308	乙醚	Ethyl ether	60-29-7	—	300	500	—
309	乙硼烷	Diborane	19287-45-7	—	0. 1	—	—
310	乙醛	Acetaldehyde	75-07-0	45	—	—	G2B
311	乙酸	Acetic acid	64-19-7	—	10	20	—
312	2-甲氧基乙基乙酸酯	2-Methoxyethyl acetate	110-49-6	—	20	—	皮

续表

序号	中文名	英文名	化学文摘号 (CAS No.)	OELs (mg/m³)			备注
				MAC	PC-TWA	PC-STEL	
313	乙酸丙酯	Propyl acetate	109-60-4	—	200	300	—
314	乙酸丁酯	Butyl acetate	123-86-4	—	200	300	—
315	乙酸甲酯	Methyl acetate	79-20-9	—	200	500	—
316	乙酸戊酯（全部异构体）	Amyl acetate (all i-somers)	628-63-7	—	100	200	—
317	乙酸乙烯酯	Vinyl acetate	108-05-4	—	10	15	G2B
318	乙酸乙酯	Ethyl acetate	141-78-6	—	200	300	—
319	乙烯酮	Ketene	463-51-4	—	0.8	2.5	—
320	乙酰甲胺磷	Acephate	30560-19-1	—	0.3	—	皮
321	乙酰水杨酸（阿司匹林）	Acetylsalicylic acid (aspirin)	50-78-2	—	5	—	—
322	2-乙氧基乙醇	2-Ethoxyethanol	110-80-5	—	18	36	皮
323	2-乙氧基乙基乙酸酯	2-Ethoxyethyl ace-tate	111-15-9	—	30	—	皮
324	钇及其化合物（按 Y 计）	Yttrium and com-pounds (as Y)	7440-65-5	—	1	—	—
325	异丙胺	Isopropylamine	75-31-0	—	12	24	—
326	异丙醇	Isopropyl alcohol (IPA)	67-63-0	—	350	700	—
327	N-异丙基苯胺	N-Isopropylaniline	768-52-5	—	10	—	皮
328	异稻瘟净	Kitazin o-p	26087-47-8	—	2	5	皮
329	异佛尔酮	Isophorone	78-59-1	30	—	—	—
330	异佛尔酮二异氰酸酯	Isophorone diisocya-nate (IPDI)	4098-71-9	—	0.05	0.1	—
331	异氰酸甲酯	Methyl isocyanate	624-83-9	—	0.05	0.08	皮
332	异亚丙基丙酮	Mesityl oxide	141-79-7	—	60	100	—
333	铟及其化合物（按 In 计）	Indium and com-pounds, as In	7440-74-6 (In)	—	0.1	0.3	—
334	茚	Indene	95-13-6	—	50	—	—
335	正丁胺	n-butylamine	109-73-9	15	—	—	皮

续表

序号	中文名	英文名	化学文摘号（CAS No.）	OELs（mg/m³）			备　注
				MAC	PC-TWA	PC-STEL	
336	正丁基硫醇	*n*-butyl mercaptan	109-79-5	—	2	—	—
337	正丁基缩水甘油醚	*n*-butyl glycidyl ether	2426-08-6	—	60	—	—
338	正庚烷	*n*-Heptane	142-82-5	—	500	1 000	—
339	正己烷	*n*-Hexane	110-54-3	—	100	180	皮

注：

【1】皮：表示可因皮肤、黏膜和眼睛直接接触蒸气、液体和固体，通过完整的皮肤吸收引起全身效应。

【2】敏：是指已被人或动物资料证实该物质可能有致敏作用，并不表示致敏作用是制定PC-TWA所依据的关键效应，也不表示致敏效应是制定PC-TWA的唯一依据。

【3】G1：确认人类致癌物（Carcinogenic to humans）。

【4】G2A：可能人类致癌物（Probably carcinogenic to humans）。

【5】G2B：可疑人类致癌物（Possibly carcinogenic to humans）。

附录 4　习题答案

习题一

一、判断题答案

1. √　　　2. ×　　　3. √　　　4. √　　　5. √

6. √　　　7. ×　　　8. √　　　9. √　　　10. √

二、单选题答案

1. D　　　2. D　　　3. B　　　4. A　　　5. B

6. C　　　7. C　　　8. A　　　9. A　　　10. C

11. A　　　12. A　　　13. B　　　14. B　　　15. A

16. D　　　17. C

习题二

一、判断题答案

1. ×　　　2. ×　　　3. √　　　4. √　　　5. √

6. √　　　7. ×　　　8. √　　　9. ×　　　10. √

二、单选题答案

1. B	2. B	3. B	4. C	5. A
6. A	7. C	8. B	9. B	10. B

习题三

一、判断题答案

1. √	2. ×	3. √	4. ×	5. ×
6. √	7. ×	8. ×	9. √	10. ×
11. ×	12. ×	13. ×	14. √	15. ×
16. √				

二、单选题答案

1. B	2. D	3. C	4. A

习题四

一、判断题答案

1. √	2. ×	3. ×	4. √	5. √
6. ×	7. ×	8. ×	9. √	10. ×
11. ×	12. √	13. √	14. √	15. ×
16. √	17. √	18. ×	19. √	20. ×
21. √	22. ×	23. ×	24. √	25. ×
26. √	27. ×	28. √	29. √	30. ×
31. ×	32. √	33. ×	34. √	35. √
36. √	37. √	38. ×	39. √	40. ×
41. √	42. ×	43. √	44. √	45. √
46. ×				

二、单选题答案

1. A	2. C	3. D	4. A	5. C
6. C	7. C	8. B	9. C	10. C
11. A	12. C	13. A	14. C	15. D
16. C	17. C	18. B	19. C	20. A
21. C	22. B	23. D	24. B	25. D
26. D	27. C	28. C	29. C	30. A
31. B	32. A	33. D		

习题五

一、判断题答案

1. √	2. ×	3. ×	4. √	5. √
6. ×	7. √	8. √	9. ×	10. ×
11. √	12. √	13. √	14. ×	15. √
16. √	17. ×	18. √	19. ×	20. √
21. √	22. ×	23. √	24. ×	25. ×
26. ×	27. √	28. √	29. √	30. √
31. ×	32. ×			

二、单选题答案

1. D	2. D	3. B	4. D	5. D
6. C	7. B	8. A	9. D	10. C
11. A	12. D	13. B	14. B	15. A
16. C	17. D	18. B	19. A	20. C

习题六

一、判断题答案

1. √	2. ×	3. √	4. ×	5. ×
6. √	7. √	8. √	9. ×	10. ×
11. ×	12. ×	13. √	14. √	15. ×
16. √	17. ×	18. ×	19. ×	20. √
21. √	22. √	23. ×	24. ×	25. ×
26. ×	27. √	28. √	29. √	30. ×
31. ×	32. √	33. √		

二、单选题答案

1. D	2. D	3. C	4. B	5. B
6. D	7. C	8. D	9. D	10. B
11. C	12. D	13. D	14. A	15. D
16. D	17. B	18. D	19. A	20. D
21. A	22. D	23. A	24. B	25. D
26. B	27. A	28. B	29. C	30. C
31. D	32. D	33. D	34. A	

参 考 文 献

1. 李涛，张敏，廖剑影. 密闭空间职业危害防护手册. 北京：中国科学技术出版社，2006
2. 赵正宏，王亚宏. 受限空间作业事故防范与应急救援. 北京：气象出版社，2009
3. 廖学军. 有限空间作业安全生产培训教材. 北京：气象出版社，2009